海鲜烹调秘诀

一次学会

生活新实用编辑部　编著

江苏凤凰科学技术出版社

目录 CONTENTS

鱼类料理篇

虾蟹类 料理篇

头足类料理篇

贝类料理篇

备注：
1大匙（固体）≈15克
1小匙（固体）≈5克
1杯（固体）≈227克
1大匙（液体）≈15毫升
1小匙（液体）≈5毫升
1杯（液体）≈240毫
烹调用油，书中未具体说明者，均为色拉油。

导读

Introduction

快速海鲜
天天新鲜换着吃

海鲜的鲜甜滋味常令人一吃就欲罢不能。
许多人喜欢吃海鲜，
却觉得做海鲜料理相当麻烦，
也不懂为何在家总做不出餐厅的好滋味。
其实做海鲜料理并不难。
海鲜本身是适合短时间烹调、简单调味的食材，
只要掌握料理海鲜时的几个重点，
运用不同的烹调方式稍做变化，
炒、炸、煎、煮、拌、淋、蒸、烤皆可，
再搭配上丰富多变的时令蔬菜或其他食材，
就能轻松在家做出营养又鲜美的海鲜料理。
本书介绍了数百道经典、家常、有创意性的海鲜料理，
让你可以每天享用不同的菜式。
想吃得丰盛又满足?
翻开本书就能轻松实现。

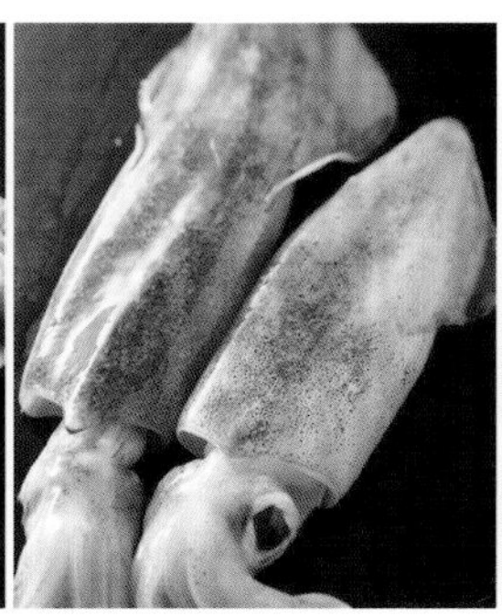

海鲜必备去腥材料

蒜头

蒜头既是一种蔬菜，也是一种香料，生食、熟食皆宜。中式料理中，大多用蒜头作为爆香的辛香料，能让食材的味道呈现出来，并增添蒜头本身的香气，更能通过蒜头独特的辛辣口感中和海鲜的腥味。不论是放入汆烫海鲜的水中去腥，或是直接切成蒜末做蘸酱、蒸酱、淋酱都很合适。但蒜头的味道较重，在分量的使用上也需要好好拿捏。

葱

葱的别名为“和事草”，它含有多种矿物质和膳食纤维，能提升人体免疫力、帮助消化，与海鲜的味道十分契合。因此不论是被拿来作为爆香的材料，或者生吃搭配，都能增加菜肴独特的香味。其用途相当广泛，使用上可切葱段腌鱼或是一同烧煮。切葱丝或葱花可用于炒或是作为料理的装饰。

姜

姜的作用很多，除了可以促进血液循环、预防感冒，在料理中也常被拿来作为爆香的材料。若是和鱼、肉、海鲜等生冷食物一起烹调时，还有杀菌解毒、去除腥味的效果。也常被用于腌鱼或蒸鱼，但使用上不宜过多，否则会有较多的辛辣感。

罗勒

罗勒含有丰富的维生素A、维生素C及钙质，并且有特殊的香味，是海鲜最佳的提香材料。同时也能美化菜肴，适合在材料起锅前加入，能让香味彻底散发出来。罗勒若加热过久，香味会变淡、色泽变黑，同时会有苦味产生。

醋

醋通常作为调味、腌料或者蘸酱来用。醋有白醋和乌醋之分，中式料理中大都使用乌醋来做料理。以适量的醋加入制作，可以将中菜或海鲜的味道提升出来。但不可过量，否则容易使菜肴变得过酸，以致失去原有的甜美味道。

米酒

米酒是许多中式料理不可或缺的一项材料。米酒在烹调料理时，具有画龙点睛的效果，尤其是用在海鲜或肉类料理中，一两滴米酒就能让食物的鲜味散发出来，还能去除不好闻的腥味。不论是煮海鲜汤或是用来腌海鲜都很适合。

柠檬

柠檬本身清新的香气和淡淡的香味可以为海鲜去腥提鲜。使用上可以用挤压的方式将柠檬汁挤出后加入料理材料中，也有解腻的功效。若想要有多一点的柠檬香味，不妨削一些柠檬皮加入食材中，可以让香味更加浓郁。

胡椒

胡椒有黑胡椒和白胡椒之分，中式的海鲜料理中，喜欢使用白胡椒作为去腥的材料。因为白胡椒特有的香气不仅可以盖过腥味，也可以稍加提味；而黑胡椒则常被用于西式料理中，不论是作为腌料或是撒在浓汤上提味都很适合。

海鲜怎么料理最好吃

用烫的方式料理海鲜是最快且最能保留原味的方式，但常常会不小心就烫过头，让鲜味尽失。其实重点在于要先将水煮滚，再放入海鲜烫熟，不要让海鲜在冷水中煮到水滚，否则等水滚了，鲜味也都流失了。

炸海鲜的时候记得油要够热，表皮一定要先沾上薄薄的一层面粉或面糊，这样可以在炸的过程中让海鲜形体保持完整且不会脱皮。同样也不宜切太大块，以免外面烧焦，里面还是生的。

蒸比起煮来说，因为不会将风味流失在水中，更能保留海鲜的鲜甜味。但是其缺点就在于难以看到锅中的状态，常常蒸过头，而让海鲜口感变老。其实只要注意锅中水要先滚，再放入海鲜，就不容易蒸过头了。

不管是煮汤或是烧煮的方式，海鲜都不宜切太小块，因为煮通常需要用大火且时间较长，如果切得太小，海鲜很容易在大火滚沸的水中散开了。但是如果怕切大块不容易快速煮熟，这时候可以在其表面划上几刀，让内部容易受热，加快煮熟。

海鲜不适合久煮，否则肉质会变得又老又干，所以大火快炒时不仅油量要足，还得先将爆香料下锅，再放入主要食材。此时锅要热，以大火翻炒数下至食材变色，再加入调味料就可以起锅。因此海鲜不能切得太大块，以免外熟内生。

煎鱼技巧大公开

煎鱼是许多人害怕的烹调方式，因为鱼皮很容易粘锅。要避免粘锅，可以先切开姜块，利用剖开的那面在锅面均匀涂抹上姜汁，或是在锅中撒入少许的盐，再利用热锅冷油的方式煎鱼。刚入锅的时候不要急着用锅铲翻动，可以先轻晃锅，如果鱼顺利滑动，再小心翻面继续煎熟，这样煎出来的鱼就不容易粘锅了。

烤海鲜必胜技巧

烤海鲜时可以利用铝箔纸将其包裹起来，再放进烤箱，这样就可以减少海鲜或鱼皮粘在烤盘上的状况。但是记得要在铝箔纸上剪几个小洞以便透气，这样才不会因为水气闷在里面而使肉质过于软烂。

海鲜料理常见问题大解惑

虽然了解了海鲜的基本烹调原则，但买回家的海鲜若没有立刻料理，又要怎么保存处理呢？烹调海鲜还有什么其他需要注意的小细节？别担心，大厨在这里一次性为您通通解惑。

Q：买回家的海鲜，一时片刻使用不完怎么办？要如何保存呢？

A：如果买回家的新鲜海产一时无法一次烹调完毕，建议先不用急着清洗，可以直接将海鲜冷藏。像虾、螃蟹这类海鲜，可依每次所需要的分量，以小包装的方式包起来冷藏或冷冻。这样既可以避免水分流失，也能保持新鲜度。但是贝类切勿放入冰箱冷冻喔！

Q：汆烫海鲜的时候有什么需要特别注意的小细节吗？

A：海鲜放入滚水中汆烫时，只要表面一变色就要马上捞起，以避免海鲜的营养成分流失过多，同时也可以避免海鲜煮得过老。捞起的海鲜可以用拌炒或是其他的方式来烹调。

Q：清蒸鱼最能吃到原味，但怎么蒸才能保持鱼肉完整又没有腥味呢？

A：蒸鱼的时候可以在蒸盘上先放上姜片，不但可以去除鱼腥味，还可以将鱼皮与蒸盘隔离，避免鱼皮粘在盘上，保持鱼外观的完整性。而鱼上面放葱段同样有去腥的效果。蒸完之后记得拣去姜片与葱段，因为它们已经过于软烂无味。放入蒸笼之前记得让锅中的水先煮开，这样蒸好的鱼才能保持肉质鲜嫩。

Q：要怎么煮才能煮出美味的鱼汤？

A：用来煮汤的鱼，不管是切片还是切块，都不要切得太小，这样可以保持鱼肉鲜嫩，也不会使鱼肉煮得过老。另外在鱼肉下锅煮之前，可以先用热水冲在鱼肉上，这种冲热水的汆烫方式，可以去除鱼腥味，又可以让鱼肉表面凝结以保持鱼肉鲜味不流失，更不用担心烫太久让肉质老化。

Q：炸鱼时，怎么确定鱼到底熟了没？

A：一开始将鱼放入已热好的油锅中，因为炸出了鱼中多余的水分，所以油锅中的气泡与水气都比较多。当油炸了几分钟后，气泡与水气变少了，就表示鱼已经炸好，可以将鱼捞出了。如果是全鱼，以中火油炸约10分钟即可；如果是鱼块，只需要炸约3分钟就可以了。

Q：煎鱼时，要怎么煎才不会使鱼肉破碎而影响外观？

A：煎鱼时最怕煎得破损难看，虽不影响味道，但会影响美观，所以要避免时常翻动。翻面时要待鱼的周围略干时，以锅铲从鱼背慢慢铲起，接着将鱼腹慢慢铲松，再翻面煎至两面皆呈金黄色即可。

Q：怎样将新鲜虾快速剥壳成虾仁？

A：想要自己剥新鲜虾当虾仁，虾壳确实很难快速剥下，因为新鲜的虾肉与壳还紧密粘在一起。放了越久的虾，虾壳越好剥下。但是若要趁鲜剥壳，最好的方式是先将虾浸泡在冰水中，让虾肉紧缩，这样壳就容易去除了。

Q：淡水鱼与海水鱼的口感差异在哪？

A：常见的淡水鱼有草鱼、鲈鱼、虱目鱼、鲤鱼、鲢鱼等，口感较绵密。烹煮时大部分会搭配酱汁和较重的辛香料一起烩煮，或是使用油炸的方式呈现，这样才能去除淡水鱼的土味和较重的鱼腥味。海水鱼是俗称的“咸水鱼”，常见鱼种有红甘鱼、金枪鱼、石斑鱼、迦纳鱼、红目鲢、翻车鱼、鳕鱼等。这类鱼的烹煮方式较广泛，口感会较扎实，通常都会清蒸、生食，或使用较淡的酱汁烩煮。

Q：新鲜鱿鱼与泡发鱿鱼的差别在哪里？

A：鱿鱼分新鲜鱿鱼和泡发鱿鱼，以阿根廷进口的品质最好。新鲜鱿鱼的料理法一般都是用烤的，而泡发过的鱿鱼口感较脆，适合油炸、快炒、汆烫蘸酱，或做成羹汤。在挑选泡发过的鱿鱼时要特别注意，如果鱿鱼肉比较厚就表示发的时间久、含水量高，吃起来口感较不脆。

Q：吃不完的熟墨鱼如何恢复原来的味道？

A：与墨鱼同类的生猛海鲜，是以刚煮出来、热气腾腾时为最佳。但若一时吃不完，有个小秘诀可以让墨鱼尽量恢复原有的美味，那就是用保鲜膜将装墨鱼的容器封起来冷藏。等到下一次要品尝前，先将墨鱼以外的食材放入锅中加热，起锅前再放入墨鱼略热即可。如此一来就可以避免墨鱼的肉质过老或过硬，并保持新鲜味道，其余如鱿鱼等料理的热食方式亦同。

Q：炒蛤蜊时常常会遇到有些蛤蜊炒不开的情况，该怎么做？

A：因为大火快炒的时间比较短，若是蛤蜊受热不均匀，就很容易使有的壳打开、有的没有，要炒到全部的壳都打开，又会使有些蛤蜊炒到过老。不妨在热炒之前稍微将蛤蜊汆烫过水，壳打开后立刻捞起再下锅炒，不需要炒太久就能简单入味，又不会有壳闭合不开的困扰了。腌咸蚬也适用于这个方法喔！

Q：使用平底锅煎牡蛎煎时，都会粘锅底，该怎么办呢？

A：煎牡蛎煎会粘锅底，有可能是配方比例错误，或是煎的油过少。若是油量足够仍然会粘锅底，也有可能是一开始下锅时锅的温度不够。建议一开始先以大火煎1~2分钟，再改以中火煎，这样才不易焦。待粉浆半熟后再翻面就不易粘锅，也能将牡蛎煎的形状煎得完整了。

鱼类料理篇

吃鱼可以说是好处多多。因为鱼类不仅含有丰富的蛋白质、DHA等营养，而且比猪肉、牛肉、羊肉等红肉的热量少，美味可口，且不用担心会给身体造成负担。

虽然吃鱼的好处多，但是也有人因为不喜欢鱼腥味或是觉得挑鱼刺很麻烦而不喜欢吃鱼。其实只要用对料理，就能够去除鱼腥味，也可以让料理快速入味。如果您不喜欢鱼刺多的鱼，也可以选择鱼片或是市面上经过处理的鱼块来料理，料理方便且食用起来也安全。现在就试着运用不同的烹调方法，动手做出一道道美味无比的鱼类料理吧！

鱼类的挑选、处理诀窍大公开

◎鱼眼

从鱼的外观上，我们可以先注意到它的眼睛。鱼眼睛清亮而黑白分明的话，就表示这条鱼很新鲜。如果鱼眼睛出现了混浊雾状时，就表示鱼已经放了一段时间，不够新鲜了。

←眼睛透明、清亮

←眼睛泛白、深陷

◎鱼鳞

检查完眼睛后，就要看鱼身上的鳞片是否有鲜度、有光泽。有的鱼摊为了让鱼看起来新鲜，会打上灯光，千万不能让灯光给蒙骗了。要用手去摸摸它的鳞片是否完整，同时也可以拿起来细看，鳞片是否有自然的光泽，而不是暗淡无色的。

←完整、光滑

←脱落

◎鱼鳃

检查完鱼的外观后，可别忘了还有个部位很重要，那就是鳃。鱼鳃是鱼在水里时供给空气的部位，有许多血管。因此，在检查鲜度时，这里是不能遗漏的部位，翻开鱼鳃部位，除了检查它是否鲜红，还要用手轻摸一下，确定其没有被上色。

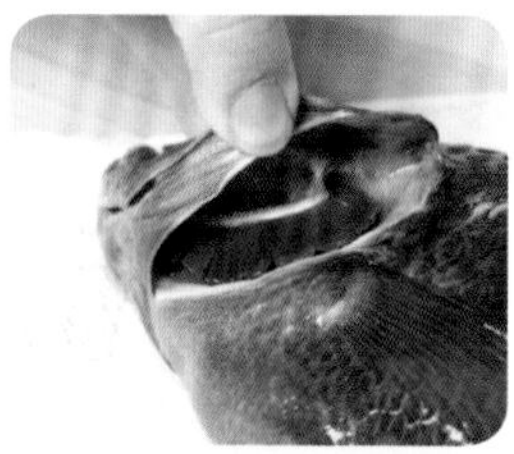
←鲜红

←暗红

◎鱼腹

好的鲜鱼应该是富有弹性的，如果轻轻按压鱼腹，肉质却塌陷下去，就表示已经缺乏弹性、水分流失了。注意，有些鱼贩会刻意将不新鲜的鱼冰冻起来，使鱼腹摸起来硬邦邦，不易分辨出新鲜度，这时就要特别留意了。

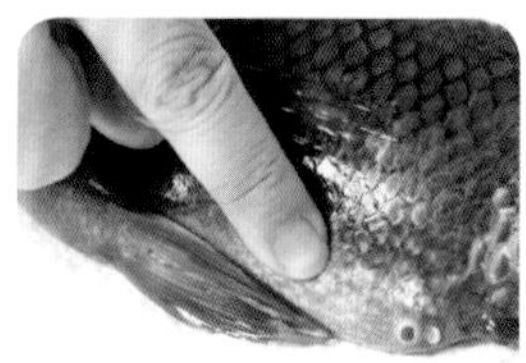
←有弹性

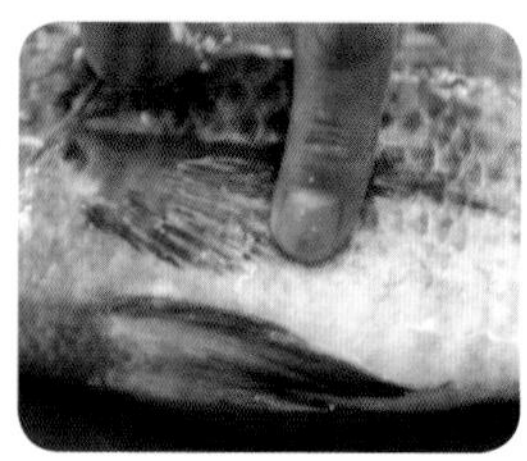
←凹陷

◎颜色

如果是已经切片，而不是整条的鲜鱼，就无法从以上方法检验新鲜度。但别担心，看鱼肉的颜色也是可以判别的。新鲜的鱼肉质颜色较鲜亮，放久的鱼肉颜色会变淡，也就较不新鲜了。

←颜色呈现橘红

←颜色较淡

◎弹性

道理和按压鱼腹相同，新鲜的鱼肉质应该是富有弹性的，如果轻轻按压切片鱼，鱼肉塌陷下去，就表示已经不新鲜了，购买时要特别注意。

←肉质有弹性

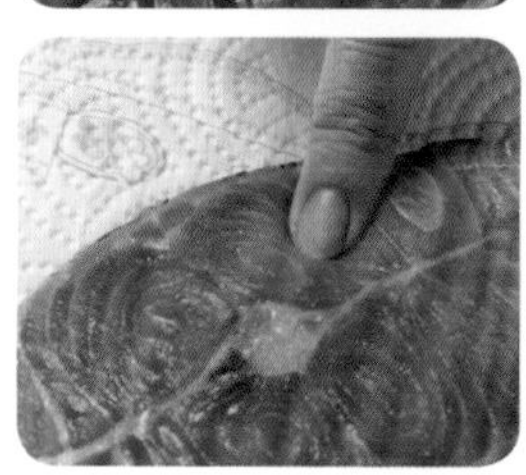
←肉质呈凹陷状

怎么挑选判断才能买到新鲜美味的鱼呢？虽然可以请鱼贩帮忙处理干净内脏，但万一鱼贩没有弄干净，自己回家又要怎么处理才好呢？没关系，以下将教你几个简单小诀窍，让你可以轻松处理。

鱼处理步骤

1 以刮鳞刀去除鱼身残留的鱼鳞。

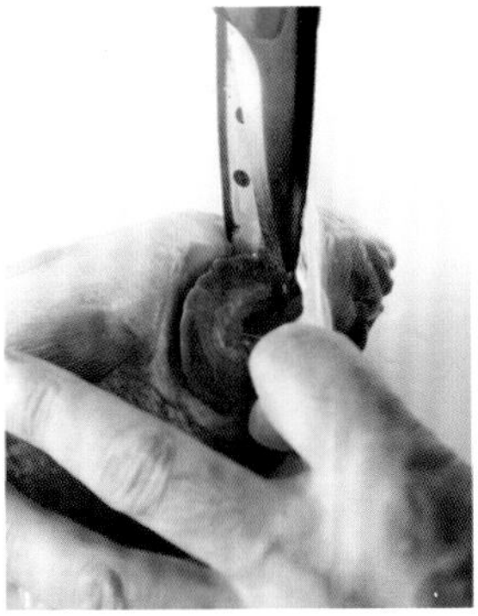

2 用剪刀将鱼鳃剪除。

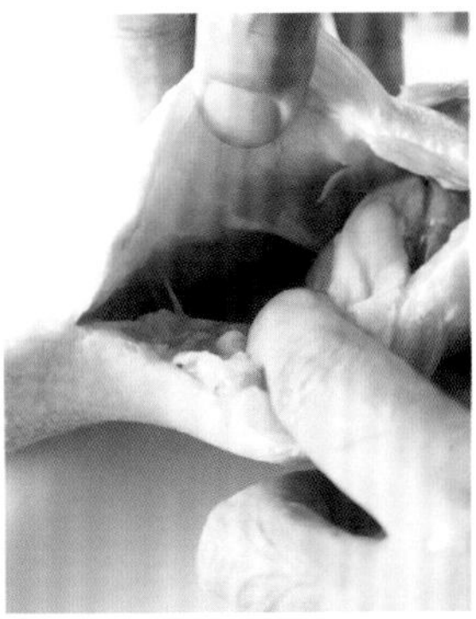

3 藏在鱼肚中未清理干净的内脏要彻底清除。

4 修剪鱼鳍，不仅更美观，也不会被刺伤。

5 将鱼身内外彻底清洗干净，沥干水分。

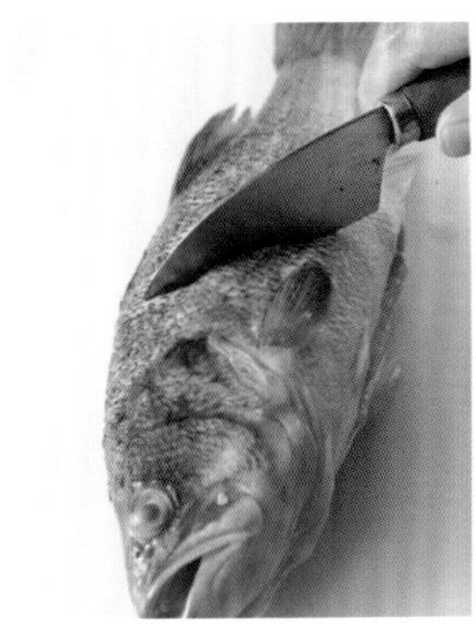

6 在鱼身两侧划上数刀。

尝鲜保存小妙招

鱼的新鲜远比保存来得重要，因此在选购时只要选购得对，保存起来就不会有太大问题了。将鱼放入冰箱冷藏或冷冻时，记得先将鱼表面的水分拭干。如果是整条鱼，可以先将内脏和鱼鳃取出，这样可以延长保存期限。而鱼片通常是已经处理过的，直接冷藏即可。

宫保鱼丁

材料o

旗鱼肉200克、干辣椒10克、葱段20克、蒜末5克、蒜香花生30克

调味料o

A 酱油2小匙、蛋清1小匙、淀粉1大匙、

B 白醋1小匙、酱油1大匙、糖1小匙、米酒1小匙、淀粉1/2小匙、

C 香油1小匙

做法o

1. 先将旗鱼肉洗净切成约1.5厘米见方的丁状，放入大碗中和调味料A混合拌匀，备用。
2. 热油锅至约150℃，将旗鱼丁放入油锅内炸约2分钟，至表面酥脆后，起锅沥干油。
3. 在调味料B中加1大匙水，调匀成兑汁，备用。
4. 热锅，加入适量色拉油，以小火爆香葱段、蒜末及干辣椒，再放入旗鱼丁，转大火快炒后边炒边将兑汁淋入，拌炒均匀再撒上蒜香花生，淋上香油即可。

三杯鱼块

材料o

草鱼肉300克、姜50克、红辣椒2个、罗勒20克、蒜仁30克

调味料o

胡麻油2大匙、米酒4大匙、酱油膏2大匙

做法o

1. 先将草鱼肉洗净切厚片；姜洗净切片；红辣椒洗净剖半；罗勒挑去粗茎洗净，备用。
2. 热油锅，先以小火将蒜仁炸至金黄后捞起；再热锅至约180℃，将草鱼片放入锅中，以大火炸至酥脆后捞起沥干油。
3. 另热一锅，放入胡麻油，以小火爆香姜片及辣椒，接着放入草鱼片、蒜仁、2大匙水及所有调味料，转大火煮滚后持续翻炒至汤汁收干，再加入罗勒略为拌匀即可。

糖醋鲜鱼

材料o

鲜鱼1条、葱适量、姜适量、洋葱丁50克、青椒丁40克、红甜椒丁30克

调味料o

米酒1大匙、盐1/2小匙、淀粉2大匙、番茄酱2大匙、白醋5大匙、糖7大匙、水淀粉1大匙、香油1小匙

做法o

1. 将鲜鱼洗净，取出腹部内脏，在鱼身两面各划几刀，备用。
2. 将葱洗净切段、姜洗净切片，放入大碗中，加入盐及米酒，用手以抓、压的方式腌渍，待葱和姜出汁后，取出葱、姜，留下腌汁备用。
3. 把鲜鱼放入做法2的大碗中，将鲜鱼全身浸泡过腌汁，再均匀沾上薄薄一层淀粉。
4. 取锅加热，倒入可盖过鱼身的色拉油量，加热至180℃，将鱼放入锅中，以小火油炸，待表面定型后即可翻动，转中小火，续炸10分钟，将鱼盛盘备用。
5. 另取锅加热，加入少许油，放入洋葱丁略炒香，加入青椒丁及红甜椒丁拌炒，再倒入番茄酱、白醋、3大匙水及糖，煮滚后，以水淀粉勾芡，关火淋上香油，将糖醋酱淋在鱼上即可。

五彩糖醋鱼

材料o

炸鱼1条、姜10克、青椒10克、洋葱10克、红甜椒10克、玉米粒10克、菠萝片10克

调味料o

番茄酱2大匙、糖4大匙、白醋4大匙、盐1/2小匙、米酒1大匙

做法o

1. 姜、青椒、洋葱、红甜椒均洗净切丁；菠萝片切小块。
2. 热油锅，爆香姜后，将青椒丁、洋葱丁、红甜椒丁及菠萝块与所有调味料以小火煮匀，即为五彩糖醋酱。
3. 将炸鱼放入大盘中，淋上五彩糖醋酱即可。

蒜苗炒鲷鱼

材料o

蒜苗150克、鲷鱼300克、红辣椒片10克、姜丝10克、蒜末5克

调味料o

盐1/2小匙、糖1/2小匙、鸡粉1/2小匙、乌醋1/2大匙、酱油1小匙、米酒1大匙

做法o

1. 鲷鱼洗净切小片，备用。
2. 蒜苗洗净切片，蒜白与蒜尾分开洗净，备用。
3. 热锅，倒入2大匙油，放入蒜末、姜丝爆香。
4. 放入红辣椒片、蒜白炒香，再加入鲷鱼片炒约1分钟。
5. 加入所有调味料、蒜尾炒匀即可。

Tips.料理小秘诀

适合用来大火快炒的鱼肉，最好挑选肉质稍微结实的鱼种。因为肉质太嫩的鱼一炒就会散开，不但卖相不好，口感也差。

油爆石斑片

材料o

A 石斑鱼片6片（10克／片）、淀粉50克、蛋清1个

B 芦笋50克、香菇50克、胡萝卜片50克

调味料o

糖1/2小匙、盐1/2小匙

做法o

1. 将淀粉与蛋清混合均匀，放入石斑鱼片沾裹均匀备用。
2. 芦笋洗净切段，香菇洗净切片备用。
3. 锅中加入1大匙油烧热，将石斑鱼片稍微过一下油后，捞起沥油备用。
4. 另热1小匙油，加入石斑鱼片以及芦笋段、香菇片、胡萝卜片与所有调味料，快速拌炒约1分钟至均匀入味即可。

茭白炒鱼片

材料o

茭白200克、鲷鱼片150克、甜豆荚10克、胡萝卜片5克、葱（切段）1根、姜（切片）10克

腌料o

盐1/2小匙、米酒1大匙、白胡椒粉1/2小匙、淀粉1大匙

调味料o

鱼露2大匙、米酒1大匙、糖1小匙

做法o

1. 甜豆荚洗净，放入滚水中汆烫熟，备用。
2. 茭白洗净切滚刀块，放入滚水中煮1～2分钟，再捞起、沥干，备用。
3. 鲷鱼片加入腌料抓匀，腌渍约15分钟，入油锅过油后捞起，备用。
4. 热锅，加入适量色拉油，放入葱段、姜片、胡萝卜片炒香，再加入茭白、鲷鱼片与所有调味料拌炒均匀，起锅前加入甜豆荚炒匀配色即可。

蜜汁鱼下巴

材料o

鲷鱼下巴4片（约400克）、姜10克、蒜仁5克

调味料o

米酒1大匙、酱油2大匙、糖3大匙

做法o

1. 将鲷鱼下巴洗净，以厨房纸巾擦干；姜洗净切末，蒜仁洗净切末备用。
2. 热锅，倒入约3大匙油，将鱼下巴放入锅内，煎至两面呈焦黄后取出。
3. 锅底留少许油，放入姜末及蒜末炒香，再加入米酒、酱油及糖煮滚。
4. 加入鱼下巴，转中火煮滚，边煮边翻炒鱼下巴，至汤汁收干成稠状即可。

黑胡椒洋葱鱼条

材料○

洋葱丝50克、鲷鱼200克、蒜片5克、红辣椒片15克、葱段少许

调味料○

黑胡椒酱3大匙、米酒2大匙

做法○

1. 将鲷鱼洗净切条，用餐巾纸吸干水分备用。
2. 起锅，加入适量油烧热，放入蒜片、红辣椒片、葱段爆香，再加入洋葱丝炒香。
3. 加入鲷鱼条、所有调味料，以中火一起翻炒至熟即可。

Tips.料理小秘诀

鱼肉在料理前，可以先用滚水氽烫后再下锅，这样可以让鱼肉不易粘锅与松散。

酸菜炒三文鱼

材料○

客家酸菜150克、三文鱼1片、葱1根、姜15克、蒜仁3粒、红辣椒1个

调味料○

白醋1小匙、香油1小匙、盐1/2小匙、白胡椒粉1/2小匙、糖1小匙、酱油1小匙

做法○

1. 将三文鱼洗净，切成小块状；客家酸菜洗净，切成小块状，泡冷水去除咸味备用；葱洗净切段；姜、蒜仁、红辣椒都洗净切成片状备用。
2. 取一炒锅，加入1大匙色拉油烧热，放入葱段、蒜片、红辣椒片炒香，再放入客家酸菜拌炒煸香。
3. 加入三文鱼块，稍微拌炒后再加入所有的调味料，以大火翻炒均匀至材料入味即可。

香蒜鲷鱼片

材料o

A 蒜仁6粒、鲷鱼片100克、葱1根、红辣椒1/2个

B 中筋面粉7大匙、淀粉1大匙、色拉油1大匙、吉士粉1小匙

调味料o

盐1/2小匙、七味粉1大匙、白胡椒粉1/2小匙

做法o

1. 材料B倒入大碗中，搅拌均匀成面糊；鲷鱼片洗净切小片，均匀沾裹上面糊；蒜仁洗净切片；葱洗净切小片；红辣椒洗净切菱形片，备用。
2. 热锅倒入稍多的油，放入鲷鱼片炸熟，捞起沥干备用。
3. 将蒜片放入锅中，炸至香酥即成蒜酥，捞起沥干备用。
4. 锅中留少许油，放入葱片、红辣椒片爆香，再放入鲷鱼片、蒜酥及所有调味料拌炒均匀即可。

泰式酸甜鱼片

材料o

鲷鱼肉 180 克、洋葱丝 30 克

调味料o

A 盐 1/4 小匙、蛋清 1 大匙、白胡椒粉 1/4 小匙、米酒 1 小匙

B 泰式甜鸡酱 4 大匙、柠檬汁 1 小匙、香油 1 小匙、淀粉 1 大匙

做法o

1. 先将鲷鱼肉洗净切厚片，放入大碗中，加入调味料A拌匀，腌约2分钟备用。
2. 热锅，倒入约300毫升油，烧热至约180℃，将鲷鱼片均匀地沾裹上淀粉，放入锅内以中火炸约2分钟，至表面呈金黄色后捞起沥干油。
3. 另热一锅，加入少许油，以大火略炒香洋葱丝后，倒入泰式甜鸡酱、柠檬汁及水，煮滚后加入鲷鱼片快速翻炒均匀，最后洒入香油即可。

Tips.料理小秘诀

鲷鱼因为刺较少，所以成为许多餐厅鱼类料理的首选。但因为鲷鱼常有腥味，故料理前建议先去腥或使用较重口味的料理法。

沙嗲咖喱鱼

材料o

A 鲷鱼150克、洋葱10克、青椒10克、红甜椒10克
B 中筋面粉7大匙、淀粉1大匙、色拉油1大匙、吉士粉1小匙

腌料o

盐1/4小匙、白胡椒粉1/2小匙、米酒1小匙、淀粉10克

调味料o

盐1/4小匙、糖1/2小匙、米酒1大匙、沙茶酱1小匙、咖喱粉1小匙

做法o

1. 鲷鱼切小片，加入腌料腌约5分钟，再均匀沾裹上混合的材料B。
2. 洋葱洗净去皮切块；青椒、红甜椒洗净去籽切块，备用。
3. 热锅倒入稍多的油，放入鲷鱼片炸熟，捞起沥干备用。
4. 锅中留少许油，放入做法2的材料炒香，加入50毫升水和所有调味料炒匀后，加入鲷鱼片拌炒均匀即可。

XO酱炒石斑

材料o

石斑鱼肉200克、西芹50克、姜20克、葱2根

调味料o

A 淀粉1/2小匙、盐1/8小匙、米酒1/2小匙、蛋清1小匙
B 高汤2大匙、盐1/6小匙、鸡粉1/6小匙、糖1/8小匙、白胡椒粉1/8小匙
C XO酱1大匙、水淀粉1小匙、香油1小匙

做法o

1. 石斑鱼肉洗净，切厚片置于碗中，加入调味料A抓匀，备用。
2. 调味料B混合成调味汁；西芹洗净，去掉粗纤维，切斜片；姜洗净去皮，切小片；葱洗净，切段，备用。
3. 大火热锅，倒入2大碗油，烧热至约120℃，放入鱼片过油，至鱼肉表面变白即捞起。
4. 另热锅，倒入1大匙油，放入葱段、姜片及XO酱，以小火爆香，再放入西芹片，转大火炒约1分钟。
5. 将鱼片放入锅中，淋上做法2的调味汁，略为翻炒后淋上水淀粉勾芡，再淋上香油即可。

辣味丁香鱼

材料o

丁香鱼干120克、豆干100克、红辣椒片30克、青椒片25克、蒜末10克、豆豉20克

调味料o

酱油1小匙、盐1/2小匙、糖1/2小匙、米酒1大匙、白胡椒粉1/2小匙

做法o

1. 丁香鱼干洗净沥干；豆干洗净切丝备用。
2. 将豆干放入热油中炸至微干后，放入丁香鱼干略炸，再捞出沥油备用。
3. 另取一锅，加入1大匙油烧热，放入蒜末、豆豉先爆香，再放入红辣椒片、青椒片、豆干丝、丁香鱼干拌炒，最后加入调味料炒至入味。
4. 将做法3的材料盛盘，待凉后用保鲜膜封紧，放入冰箱中冷藏至冰凉，食用前取出即可。

香菜炒丁香鱼

材料o

香菜35克、丁香鱼150克、葱30克、蒜仁20克、红辣椒1个

调味料o

淀粉约3大匙、白胡椒盐1小匙

做法o

1. 把丁香鱼洗净沥干；葱、香菜均洗净切小段；蒜仁、红辣椒均洗净切碎备用。
2. 起一油锅，油温烧热至180℃，将丁香鱼裹上一层淀粉后，下油锅以大火炸约2分钟至表面酥脆，捞起沥干油，备用。
3. 起一炒锅，热锅后加入少许色拉油，以大火略爆香葱段、蒜碎、红辣椒碎及香菜段后，加入丁香鱼，再均匀撒入白胡椒盐，以大火快速翻炒均匀即可。

鲜爆脆鳝片

材料o

鳝鱼100克、葱20克、蒜仁15克、红辣椒1个、竹笋60克、小黄瓜60克、胡萝卜30克

调味料o

A 盐1/6小匙、糖1大匙、乌醋1.5大匙、米酒1小匙

B 水淀粉1小匙、香油1小匙

做法o

1. 把鳝鱼洗净后切小片，备用。
2. 竹笋、小黄瓜、胡萝卜均洗净切片；葱、红辣椒及蒜仁均洗净切末，备用。
3. 热锅，加入2大匙色拉油，以小火爆香葱末、蒜末、红辣椒末，再加入鳝鱼片以大火炒匀。
4. 加入50毫升水、调味料A及竹笋片、小黄瓜片和胡萝卜片，炒约1分钟后，再用水淀粉勾芡，最后洒上香油即可。

韭黄鳝糊

材料o

韭黄80克、鳝鱼100克、姜10克、红辣椒5克、蒜仁5克、香菜2克、水淀粉1大匙

调味料o

A 糖1大匙、酱油1小匙、蚝油1小匙、白醋1小匙、米酒1大匙

B 香油1小匙

做法o

1. 将鳝鱼洗净，放入沸水中煮熟，捞出放凉后撕成小段，备用。
2. 韭黄洗净切段；姜洗净切丝；红辣椒洗净切丝；蒜仁洗净切末，备用。
3. 热锅倒入适量油，放入姜丝、红辣椒丝爆香，再放入韭黄段炒匀。
4. 加入鳝鱼段及调味料A拌炒均匀，再以水淀粉勾芡后盛盘。
5. 于做法4的鳝糊中，放上蒜末、香菜，另起锅煮滚香油，淋在蒜末上即可。

酸辣炒鱼肚

材料o

酸菜100克、姜20克、红辣椒2个、鱼肚170克、罗勒叶少许

调味料o

A 盐1/4小匙、糖1大匙、白醋1大匙、料酒1大匙

B 水淀粉1小匙、香油1小匙

做法o

1. 把鱼肚洗净后切丝；酸菜洗净切丝；姜及红辣椒洗净切丝，备用。
2. 热锅后，加入1大匙色拉油，以小火爆香姜丝、红辣椒丝，再加入鱼肚丝、酸菜丝，转大火炒匀。
3. 加入50毫升水和调味料A炒约1分钟，用水淀粉勾芡，洒上香油，点缀上少许罗勒叶即可。

Tips.料理小秘诀

本道菜所用鱼肚不是常吃的虱目鱼肚，而是一种海鲜干货材料，较常使用于中式宴客菜中。在挑选鱼肚时，记得选择表面色泽明亮、较厚、较大片且较整齐者为佳。

酸辣鱼皮

材料o

鱼皮300克、包心菜60克、竹笋50克、胡萝卜15克、红辣椒2个、葱2根、姜10克、香菜碎少许

调味料o

A 盐1/6小匙、米酒1小匙、鸡粉1/6小匙、糖1小匙、乌醋1大匙

B 水淀粉1小匙、香油1小匙

做法o

1. 将鱼皮洗净放入滚水中汆烫至熟后，捞出冲凉水，备用。
2. 把包心菜、胡萝卜、竹笋洗净切片；红辣椒洗净切末，葱洗净切段，姜洗净切丝，备用。
3. 热锅，加入少许色拉油，以小火爆香葱段、姜丝及红辣椒末，再加入鱼皮、包心菜片、笋片及胡萝卜片同炒。
4. 淋上米酒略炒后，加入50毫升水和调味料A以中火炒至包心菜片略软后，再以水淀粉勾芡，最后淋上香油，点缀上少许香菜碎即可。

蒜酥鱼块

材料o

蒜酥30克、鲈鱼肉300克、葱花20克、红辣椒末5克

调味料o

A 盐1/4小匙、蛋清1大匙

B 盐1/4小匙、淀粉50克

做法o

1. 鲈鱼肉洗净，先切小块后再切花刀，用厨房纸巾略为吸干水分，与调味料A拌匀。
2. 将鲈鱼肉均匀地沾裹上调味料B。
3. 热一锅油，待油温烧热至约160℃，放入鲈鱼肉以大火炸约1分钟，至表皮酥脆时捞出沥干油。
4. 将油倒出，于锅底留少许油，以小火炒香葱花及红辣椒末后，加入蒜酥、鲈鱼块及盐炒匀即可。

Tips.料理小秘诀

先将鱼块炸过再炒，除了可以让鱼吃起来口感较好，还可以使鱼在炒的过程中不易炒散。但记得炸的时间不宜太久，以免鱼肉过老而不美味，再利用炸过的蒜酥一起炒，更能增添香气。

椒盐鱼块

材料o

鱼肉300克、蒜末10克、葱花20克、红辣椒末5克、淀粉50克

调味料o

A 盐1/4小匙、蛋清1大匙

B 椒盐粉1小匙

做法o

1. 先将鱼肉洗净切小块，再切花刀，用厨房纸巾略为吸干水分，放入大碗中，加入调味料A拌匀。
2. 将鱼肉均匀地沾裹上淀粉。
3. 热一锅油，将油温烧热至约160℃，放入鱼肉，以大火炸约1分钟至表皮酥脆时捞出沥干油。
4. 将油倒出，锅底留少许油，以小火炒香蒜末、葱花及红辣椒末后，加入鱼肉、椒盐粉炒匀即可。

Tips.料理小秘诀

油炸鱼料理通常不需要太长的时间，但缺点就是几乎只能表现出食材的新鲜原味，味道的变化少。酥炸之后以椒盐粉快速地翻炒一下，让酥脆的口感外再包覆一层咸香，美味也更上一层。

锅贴鱼片

材料o

鲷鱼肉1片、切片土司4片、香菜叶少许

调味料o

盐1/4小匙、鸡粉1/4小匙、白胡椒粉1/4小匙、米酒1/4小匙、淀粉1小匙、蛋黄1个

做法o

1. 将鲷鱼肉洗净，以斜刀片成8片，再加入所有调味料混合拌匀，腌渍约5分钟。
2. 土司对切成8片，再将腌好的鲷鱼片平铺于土司上，撕一片香菜叶粘于鱼片上，轻压一下后静置1分钟，使鱼片与土司粘紧。
3. 热一锅油，待油温烧热至约120℃时转小火，放入做法2的鱼片土司，以小火炸至表面呈金黄色，再捞起沥油即可。

Tips.料理小秘诀

做法2记得要稍微静置，才不会在下油锅的时候让土司与鱼片分离而影响味道。这道菜的鲷鱼片因为切得较薄，所以油炸的时间不需要太久，以免鱼肉过老。

酥炸鱼条

材料o

A 鲷鱼肉200克
B 低筋面粉1/2杯、糯米粉1/4杯、淀粉1/8杯、吉士粉1/8杯、泡打粉1/2小匙、色拉油1小匙

调味料o

A 盐1/8小匙、鸡粉1/4小匙、白胡椒粉1/4小匙
B 椒盐粉1小匙

做法o

1. 鲷鱼肉洗净沥干，切成如小指大小的鱼条，加入调味料A拌匀备用。
2. 在材料B中加150毫升水，调成粉浆备用。
3. 热一锅，放入适量的油，待油温烧热至约160℃，将鲷鱼条逐一沾裹做法2的粉浆后放入油锅中，以中火炸至表皮呈金黄色，捞起沥干油，食用时蘸椒盐粉即可。

泰式酥炸鱼柳

材料o

鲷鱼肉100克、鸡蛋1个、淀粉2大匙

腌料o

鱼露1/2大匙、椰糖1小匙、蒜末1/4小匙、红辣椒末少许、香菜末少许

做法o

1. 鲷鱼肉洗净切条状，备用。
2. 将所有的腌料混合均匀，拌至椰糖溶化即为泰式炸鱼腌酱，备用。
3. 将鲷鱼条加入泰式炸鱼腌酱，腌约10分钟。
4. 于做法3的材料中打入鸡蛋，加入淀粉拌匀备用。
5. 热锅，倒入稍多的油，待油温热至约180℃，放入鲷鱼条，以中火炸至表面金黄且熟透，捞出，放在盘中的生菜叶（材料外）上即可。

黄金鱼排

材料o

鳕斑鱼片250克、面粉50克、蛋液1个、面包粉30克、包心菜丝100克、美乃滋1大匙

腌料o

盐1/4小匙、米酒1大匙、葱段10克、姜片10克

做法o

1. 将鳕斑鱼片洗净切小片，加入所有腌料腌约10分钟备用。
2. 取出鱼片，依序沾裹上面粉、蛋液、面包粉，静置一下备用。
3. 热锅，倒入稍多的油，待油温热至160℃，放入鱼片炸2~3分钟，捞出沥油。
4. 将鱼排与包心菜丝一起盛盘，淋上美乃滋即可。

香酥香鱼

材料o

香鱼150克、红薯粉2大匙

腌料o

盐1/2小匙、米酒1大匙、葱段10克、姜片5克、红薯粉1大匙

调味料o

胡椒盐1/2小匙

做法o

1. 香鱼洗净，加入腌料腌约10分钟备用。
2. 将香鱼均匀沾裹上红薯粉备用。
3. 热锅倒入稍多的油，放入香鱼炸至表面金黄酥脆。
4. 将香鱼起锅，撒上胡椒盐即可。

Tips.料理小秘诀

香鱼因为其肉质尝起来有股淡淡的香气而得名，也因其肉质鲜美、细致而广受消费者喜爱。选购时以鱼身完整、鱼肉饱满有弹性者为佳，肚破者表示已经不那么新鲜了。

酥炸水晶鱼

材料o

A 水晶鱼80克、罗勒叶5克
B 中筋面粉7大匙、淀粉1大匙、色拉油1大匙、吉士粉1小匙

调味料o

胡椒盐1/2小匙

做法o

1. 将材料B拌匀成面糊，备用。
2. 水晶鱼洗净沥干，均匀沾裹上拌匀的面糊。
3. 热锅倒入稍多的油，放入水晶鱼炸至表面金黄酥脆，捞起沥干备用。
4. 于锅中放入罗勒叶稍炸至酥脆，捞起沥干，与水晶鱼一起盛盘，搭配胡椒盐食用即可。

Tips.**料理小秘诀**

将食材均匀沾裹事先调制好的液态粉浆，再放入高温油锅中油炸，即为粉浆炸。特色是成品表皮会有略为酥脆的口感，而且因为淀粉的附着量不多，更有海鲜食材本身的鲜美口感。

烟熏黄鱼

材料o

黄鱼1尾、姜片15克、葱段15克

腌料o

米酒1大匙、盐1小匙

烟熏料o

面粉50克、糖1大匙

做法o

1. 黄鱼洗净后与姜片、葱段和腌料混合拌匀，腌约15分钟备用。
2. 将黄鱼放入热油中炸至上色，熟后捞起沥油。
3. 取一锅，于锅中铺上铝箔纸，撒上烟熏料拌匀，放上铁网架，于其上放黄鱼，盖上锅盖，以中火加热至锅边冒烟时，转小火续焖约5分钟后熄火即可。

香煎鳕鱼

材料o

鳕鱼片1片(约300克)、红薯粉1/2碗、葱花30克、蒜末15克、红辣椒末5克

调味料o

A 盐1/8小匙、白胡椒粉1/4小匙、米酒1小匙
B 盐1/6小匙

做法o

1. 用小刀将鳕鱼片的鳞片刮除后洗净沥干（如图1）。
2. 将调味料A均匀地抹在鳕鱼片的两面上，腌渍约1分钟（如图2）。
3. 将腌好的鳕鱼片两面都沾上红薯粉备用（如图3）。
4. 热锅，加入2大匙色拉油，将鳕鱼片下锅，小火煎至两面呈金黄色后装盘（如图4）。
5. 锅底留少许油，将葱花、蒜末和红辣椒末下锅炒香，加入2小匙水和调味料B煮开后，淋至鳕鱼片上即可（如图5）。

Tips.料理小秘诀

鳕鱼因含有较多油脂，在烹调时会比其他鱼种更快熟，而鳕鱼片的厚度也决定着烹调时间的长短。若想煎得又快又美味，选1~2厘米厚的最恰当。鳕鱼表面水分多，油煎时较易碎，沾红薯粉再煎可让其表面形成一层薄外衣，不容易破碎，吃起来也更酥脆有口感。

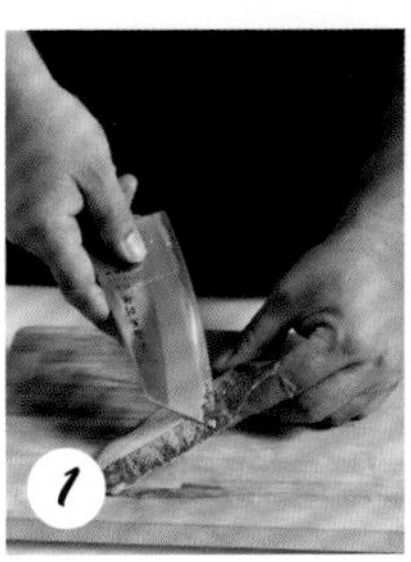

蒜香煎三文鱼

材料o

三文鱼350克、蒜片15克、姜片10克、柠檬片1片

调味料o

盐1/2小匙、米酒1/2大匙

做法o

1. 三文鱼洗净沥干，放入姜片、盐和米酒腌约10分钟备用。
2. 热锅，锅面上刷上少许油，放入三文鱼煎约2分钟。
3. 将三文鱼翻面，放入蒜片一起煎至金黄色，取出盛盘，放上柠檬片即可。

Tips.料理小秘诀

三文鱼是属于油脂较多的鱼种，因此在煎三文鱼的时候不用加入太多油。以刷油的方式代替倒油，以减少油脂，可以避免三文鱼吸收过多的油而破坏风味，也可以让锅面的油均匀不易沾粘。

香煎鲳鱼

材料o

白鲳鱼1条（约200克）、葱段少许、姜片1片、面粉60克、柠檬1/4个、花椒盐1/2小匙

调味料o

盐1/2小匙、白胡椒粉3克、米酒10毫升

做法o

1. 将白鲳鱼清洗干净，在鱼身两面划上数刀。
2. 将葱段、姜片和调味料抹在白鲳鱼的全身，腌约20分钟后，撒上一层薄薄的面粉备用。
3. 取锅，加入色拉油烧热后，放入白鲳鱼以大火先煎过，改转中火煎至酥脆即可盛盘。
4. 可搭配柠檬和花椒盐一起食用。

橙汁鲳鱼

材料o

白鲳鱼1条（约200克）、面粉60克

调味料o

盐1/2小匙、白胡椒粉1/2小匙、柳橙汁150毫升、柠檬汁30毫升、糖20克、吉士粉15克

做法o

1. 白鲳鱼清洗干净，在鱼身两面划上数刀。
2. 将盐和白胡椒粉抹在鱼的全身，腌约10分钟后，撒上一层薄薄的面粉备用。
3. 取锅，加入色拉油烧热后，放入白鲳鱼以大火先煎过，转中火煎至酥脆即可盛盘。
4. 将柳橙汁、柠檬汁、糖和吉士粉混合后，一起放入炒锅中煮至滚沸，将煎好的白鲳鱼放入烩熟，盛盘即可。

五柳鱼

材料o

鲈鱼1条（约350克）、猪肉丝20克、黑木耳丝30克、胡萝卜丝30克、红辣椒丝10克、葱丝15克、姜丝10克

调味料o

盐3克、白胡椒粉1/2小匙、糖10克、白醋20毫升、乌醋20毫升、高汤150毫升、米酒10毫升、水淀粉50毫升

做法o

1. 将鲈鱼清理干净后，在鱼身上划数刀，撒上盐和白胡椒粉，放入锅中煎至两面金黄上色，盛出备用。
2. 取炒锅烧热，加入色拉油，炒香猪肉丝后，再放入黑木耳丝、胡萝卜丝和调味料（水淀粉先不加入）煮滚，放入煎好的鲈鱼转小火烧约10分钟，盛入盘中，再放上红辣椒丝、葱丝和姜丝。
3. 将水淀粉放入略加热，再淋至鲈鱼身上即可。

蛋煎鱼片

材料o

鸡蛋1个、鲷鱼肉300克、苜蓿芽30克、沙拉酱2大匙

调味料o

盐1/4小匙、白胡椒粉1/4小匙、米酒2大匙、淀粉1大匙

做法o

1. 将鲷鱼肉洗净斜切成长方形大块，再放入大碗中，加入所有调味料，腌渍1分钟备用。
2. 鸡蛋打散；热平底锅，倒入少许色拉油，将鱼片沾上蛋液后放入平底锅中，以小火煎约2分钟后，翻面再煎2分钟至熟。
3. 取一盘，将洗净的苜蓿芽放置盘中垫底，把煎好的鱼片排放至苜蓿芽上，再挤上沙拉酱即可。

Tips.料理小秘诀

煎鱼片时抹上少许蛋液，既能让鱼片不容易碎裂，还能增加鱼片的香气，吃起来也较滑嫩美味。

银鱼煎蛋

材料o

银鱼70克、鸡蛋4个、葱花20克、蒜末5克

调味料o

盐1/4小匙

做法o

1. 将鸡蛋打入碗中，与葱花及盐一起拌匀后备用。
2. 热锅，加入少许油，以小火爆香蒜末后，加入银鱼炒至鱼身干香后起锅，再将炒过的银鱼加入蛋液中拌匀。
3. 热锅，加入2大匙油烧热，倒入蛋液，煎至蛋呈两面焦黄即可。

Tips.料理小秘诀

通常从市场买到的银鱼都已经烫煮过，也有咸味，因此做这道菜时不需要再添加过多的盐，以免太咸。

鲳鱼米粉

材料o

鲳鱼1条（约700克）、细米粉200克、泡发香菇50克、虾米20克、红葱头30克、蒜苗50克、芹菜末10克、香菜适量

调味料o

高汤1200毫升、盐1小匙、糖1/2小匙、白胡椒粉1/2小匙

做法o

1. 鲳鱼处理干净后洗净切块；米粉泡水约20分钟后捞起沥干。
2. 将虾米放入开水中浸泡5分钟至软再捞起沥干；泡发香菇去蒂切丝；红葱头洗净切碎；蒜苗洗净切斜片备用。
3. 热一油锅，倒入适量油烧热至约180℃，将鲳鱼放入锅内，以大火炸约1分钟至表面酥脆后捞起沥油，再切大块状备用。
4. 另起一锅，加入2大匙色拉油，以小火爆香红葱头炒至呈金黄，再加入虾米、香菇丝略炒，倒入高汤、米粉及鲳鱼块。
5. 煮约1分钟后加入盐、糖、白胡椒粉、蒜苗，煮匀后关火盛起，撒上芹菜末和香菜即可。

胡麻油鱼片

材料o

剥皮鱼400克、胡麻油2大匙、姜片15克、枸杞子5克

调味料o

盐1/4小匙、鸡粉1/2小匙、米酒3大匙

做法o

1. 剥皮鱼处理后洗净，切大块备用。
2. 热锅，加入胡麻油，放入姜片以小火爆香，再放入鱼块煎一下。
3. 加入米酒、600毫升水煮至沸腾。
4. 加入枸杞子煮约5分钟熄火，加入盐、鸡粉拌匀即可。

Tips.料理小秘诀

剥皮鱼的肉质细致，但是皮厚又粗较少食用，建议选择鱼眼光亮、鱼身饱满的剥皮鱼较新鲜。虽然鱼贩常常将剥皮鱼事先剥好皮处理过，但建议买回家自己剥皮较卫生。

啤酒鱼

材料o

鲜鱼1条（约500克）、葱30克、干辣椒5克、姜片20克、芹菜段30克、香菜适量

调味料o

啤酒1罐（约350毫升）、蚝油2大匙、糖1/2小匙

做法o

1. 鲜鱼洗净后以厨房纸巾擦干，在鱼身两面各划1刀；葱洗净切段，备用。
2. 热锅，倒入少许色拉油，将鱼放入锅中，以小火煎至两面微焦后取出装盘备用。
3. 另热一锅，倒入少许油，以小火爆香葱段、干辣椒及姜片，再加入鱼、芹菜段、啤酒、100毫升水、蚝油和糖，以小火煮滚后再煮约10分钟，至水分略干，加入适量香菜即可。

蒜烧黄鱼

材料o

蒜仁50克、黄鱼1条、葱段10克、红辣椒片10克、面粉50克

腌料o

盐1/4小匙、米酒1大匙、葱段10克、姜片10克

调味料o

糖1/4小匙、乌醋1小匙、酱油1大匙

做法o

1. 黄鱼处理后洗净，加入所有腌料腌约10分钟备用。
2. 热锅，倒入稍多的油烧热，将黄鱼均匀沾裹上面粉，放入油锅中炸约4分钟，捞起沥干备用。
3. 油锅中再放入蒜仁，炸至表面金黄，捞起沥干备用。
4. 锅中留少许油，放入葱段、红辣椒片及蒜仁炒香，加入150毫升水和所有调味料煮至沸腾。
5. 最后加入黄鱼煮至入味即可。

蒜烧三文鱼

材料o

蒜仁8粒、三文鱼片1片（约220克）、猪肉泥80克、红辣椒1个、葱1根

调味料o

酱油30毫升、米酒30毫升、糖5克、乌醋10毫升、白胡椒粉5克、水淀粉30毫升

做法o

1. 三文鱼片略冲水，切块状；红辣椒和葱洗净，切段。
2. 取炒锅烧热，倒入色拉油，放入三文鱼块煎至两面略呈焦黄后盛起备用。
3. 放入猪肉泥炒香，放入150毫升水及所有调味料（水淀粉先不加入）转小火烧约10分钟，放入红辣椒段、葱段、蒜仁和三文鱼块略煮，再以水淀粉勾芡即可。

茶香鲭鱼

材料o

茶叶5克、鲭鱼1条、姜片适量、葱段适量、姜丝15克、红辣椒丝10克

腌料o

盐1/2小匙、酱油1小匙、米酒2大匙

调味料o

和风酱油1小匙、米酒1大匙

做法o

1. 将鲭鱼洗净后切去头部。
2. 将鲭鱼抹上少许盐，与姜片、葱段和腌料混合均匀，腌约10分钟备用。
3. 取一锅，加入350毫升水后煮至滚，先放入姜丝、红辣椒丝，再放入鲭鱼、调味料，盖上锅盖煮约3分钟，打开锅盖，加入茶叶烧煮至入味，待酱汁微干时即可熄火，盛盘待凉。
4. 待做法3的材料放凉后，将盘口以保鲜膜封紧，再放入冰箱冷藏至冰凉即可。

酸菜鱼

材料o

酸菜150克、鲈鱼肉200克、竹笋片60克、干辣椒10克、花椒粒5克、姜丝15克

调味料o

A 米酒1大匙、盐1/6小匙、淀粉1小匙

B 盐1/4小匙、味精1/6小匙、糖1/2小匙、绍兴酒2大匙、市售高汤200毫升

C 香油1小匙

做法o

1. 鲈鱼肉洗净切成厚约0.5厘米的片，加入所有调味料A抓匀；酸菜洗净，切小片，备用。
2. 热一炒锅，加入少许色拉油（材料外），以小火爆香姜丝、干辣椒及花椒粒，接着加入酸菜片、竹笋片及所有调味料B煮开。
3. 将鲈鱼片一片片放入锅中略为翻动，续以小火煮约2分钟至鲈鱼片熟，接着洒上香油即可。

Tips.料理小秘诀

鱼片入锅后不要煮太久，否则鱼肉会变得干涩而破坏口感，翻动时不要太用力，免得将鱼肉弄散了。

日式煮鱼

材料o

鲜鱼 1 条（约 300 克）、姜片 30 克、葱段适量

调味料o

鲣鱼酱油6大匙、味醂3大匙、米酒5大匙、糖1大匙

做法o

1. 鲜鱼清洗干净，在靠近鱼身背部肉多的地方，划交叉刀深及鱼骨，备用。
2. 取锅，加入姜片、葱段、250毫升水及所有调味料煮至沸腾。
3. 放入鱼以小火煮7～8分钟即可。

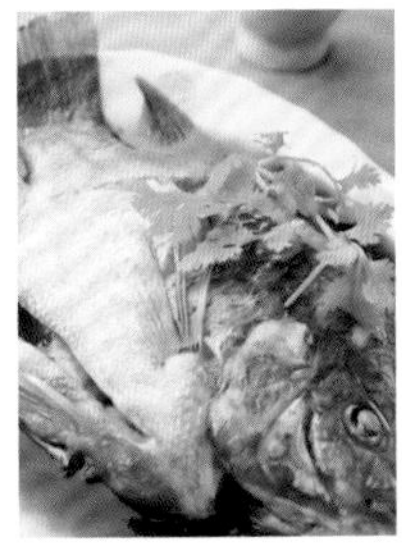

Tips.料理小秘诀

如果鱼太厚，须在鱼身上划几刀，最好深及鱼骨，让鱼肉快速煮熟，尤其是肉多的地方。这样才不会有其他地方太熟，而肉多的地方却还是半生半熟的状况发生。

卤三文鱼

材料o

三文鱼300克、荸荠10个、蒜苗段15克

调味料o

酱油50毫升、糖1/4小匙、米酒2大匙

做法o

1. 三文鱼洗净切块；荸荠洗净去皮切块备用。
2. 取锅，加入500毫升水和调味料拌煮均匀至滚沸，放入荸荠煮滚后，放入三文鱼块煮2分钟，再放入蒜苗段卤至入味即可。

Tips.料理小秘诀

油而不腻的三文鱼，是少数用卤煮也不会肉质太硬的鱼类，多煮一会儿也不会有干涩的口感。但因为是与酱油同煮，就不需要额外再加盐，以免过咸。

咖喱煮鱼块

材料o

咖喱粉1大匙、鲜鱼300克、土豆1个、西蓝花80克、洋葱片50克、蒜末5克

调味料o

盐1/4小匙、鸡粉1/4小匙、糖少许

腌料o

盐少许、米酒1小匙、淀粉1小匙、玉米粉1小匙

做法o

1. 鲜鱼洗净切块，加入腌料腌约15分钟，捞出放入热油锅中炸约1分钟后捞起沥油。
2. 土豆洗净去皮切块状，放入滚水中煮约10分钟，捞起沥干；西蓝花洗净切小朵，放入滚水中略汆烫后捞起沥干。
3. 热锅，加入1大匙油烧热，放入洋葱片和蒜末爆香。先加入土豆块和咖喱粉炒一下，再加入600毫升水煮滚，并盖上锅盖煮10分钟；续放入鱼块和调味料煮至入味，再放入西蓝花装饰即可。

咸鱼鸡丁豆腐煲

材料o

咸鱼50克、鸡胸肉350克、豆腐150克、花豆50克、鸿禧菇50克、胡萝卜20克、姜片20克、蒜苗段20克、水淀粉2大匙

调味料o

糖1大匙、蚝油1大匙、酱油1大匙、米酒1大匙、香油1大匙、高汤700毫升

做法o

1. 咸鱼、豆腐、鸡胸肉洗净切丁状；花豆泡水；胡萝卜洗净切片，备用。
2. 热锅，倒入稍多的油，待油温热至120℃，放入咸鱼与鸡丁炸至表面变色，取出沥油备用。
3. 锅中留少许油，放入姜片、蒜苗段爆香，再放入豆腐丁、花豆、鸿禧菇与胡萝卜片炒匀。
4. 放入咸鱼丁、鸡丁及所有调味料，转小火焖煮5分钟，以水淀粉勾芡即可。

鲜鱼粄条煲

材料o

鲜鱼450克、粄条200克、洋葱30克、豆腐80克、竹笋50克、芹菜10克、毛豆10克、葱仁30克、蒜仁20克、姜片20克、红辣椒片10克

调味料o

糖2大匙、鱼露2大匙、米酒1大匙、白胡椒粉1小匙

做法o

1. 鲜鱼、豆腐、竹笋洗净切块；洋葱洗净去皮切片；芹菜洗净切段，备用。
2. 热锅，倒入稍多的油，分别放入鲜鱼块、豆腐块炸至表面金黄，取出沥油。
3. 锅留底油，放入洋葱片、葱段、蒜仁、姜片、红辣椒片爆香。
4. 放入竹笋块、芹菜段、毛豆、鲜鱼块、豆腐块、500毫升水及所有调味料煮沸，捞出所有材料，留汤汁备用。
5. 将汤汁放入砂锅中，放入粄条煮至汤汁略收干，放回捞起的材料拌匀即可。

鱼片翡翠煲

材料○

鲷鱼片250克、上海青100克、红甜椒40克、南瓜40克、姜片20克

调味料○

A 盐1/2小匙、糖1小匙、米酒1大匙、香油1大匙、白胡椒粉1/2小匙
B 七味粉1/2小匙

腌料○

酱油1小匙、淀粉1小匙、白胡椒粉1小匙

做法○

1. 上海青洗净切丝；南瓜洗净切片；红甜椒洗净切丁，备用。
2. 将上海青丝与南瓜片分别放入沸水中烫熟备用。
3. 鱼片用所有腌料腌10分钟，放入沸水中烫熟备用。
4. 热锅，倒入适量油，放入姜片爆香，加入红甜椒丁、上海青丝、南瓜片、鲷鱼片、50毫升水及所有调味料A煮至略收汁，撒上七味粉即可。

鲜鱼汤

材料o

鲜鱼1条、姜丝30克、葱段适量、米酒1大匙

调味料o

盐1小匙、白胡椒粉1/2小匙

做法o

1. 将鲜鱼洗净切块，放入滚水中汆烫备用。
2. 取汤锅，倒入600毫升水煮滚，加入鱼块和米酒煮15分钟。
3. 最后加入姜丝、葱段和所有调味料即可。

Tips.料理小秘诀

市场买回来的鲜鱼最好还是自己把鱼鳞再刮一刮，免得影响口感。带骨的鲜鱼若用来煮汤，要切成大块，吃起来口感更佳。

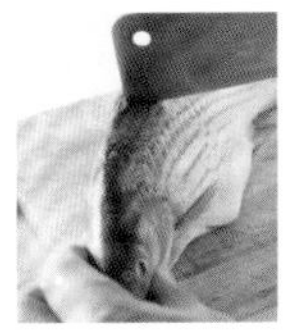

（1）把鱼鳞刮干净。

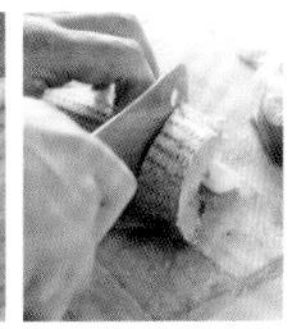

（2）鲜鱼切成大块。

鲜鱼味噌汤

材料o

味噌200克、尼罗红鱼1条、包心菜150克、盒装豆腐1/2盒、葱花1大匙、海带芽少许

调味料o

柴鱼粉1小匙、米酒1小匙

做法o

1. 将尼罗红鱼洗净切块，放入滚水中汆烫，捞起备用。
2. 包心菜洗净切片，取出盒装豆腐切丁，味噌加入200毫升水调匀，备用。
3. 取汤锅，倒入600毫升水煮滚，放入包心菜片煮5分钟，再放入鱼块，以小火煮5分钟。
4. 加入味噌、豆腐丁和所有调味料续煮2分钟，最后撒上葱花和海带芽即可。

苋菜银鱼羹

材料

苋菜350克、银鱼100克、鱼板20克、蒜末15克、高汤800毫升、水淀粉30毫升

调味料

盐1/4小匙、鸡粉1/4小匙、米酒1小匙、白胡椒粉1/4小匙

做法

1. 银鱼洗净沥干；鱼板切丝，备用。
2. 苋菜洗净切段，放入沸水中汆烫一下，沥干备用。
3. 热锅，倒入少许油，放入蒜末爆香至金黄色，取出蒜末即成蒜酥备用。
4. 锅中倒入高汤煮沸，放入苋菜再次煮沸。
5. 加入银鱼、鱼板丝及所有调味料煮匀，以水淀粉勾芡，撒上蒜酥即可。

Tips.料理小秘诀

银鱼含有丰富的钙质，吃起来又不怕被鱼刺噎到，是许多老人小孩补充营养的首选鱼种。但从市场上买回家的银鱼可别急着下锅料理，要记得先用清水冲洗过滤。因为这类小鱼常常会夹带着细砂和小石块，若不处理干净，既影响味道，也不卫生。

南瓜鲜鱼浓汤

材料o

去皮南瓜300克、鲜鱼肉100克、高汤300毫升、洋葱末2大匙、鲜奶油1大匙

调味料o

盐3克、黑胡椒粉1/2小匙

做法o

1. 取去皮南瓜2/3的分量蒸至熟烂，取出压成泥，其余的1/3分量切丁备用。
2. 锅烧热，倒入2小匙色拉油，放入洋葱末，以小火炒软，再加入南瓜丁略炒。
3. 倒入高汤和南瓜泥，以小火煮滚，加入盐调味，倒入碗中备用。
4. 鲜鱼肉切丁，加入淀粉及1/4小匙盐（分量外）略腌，放入滚水中烫熟，放至做法3的碗中，最后淋入鲜奶油和黑胡椒粉即可。

越式酸鱼汤

材料o

尼罗红鱼1条、菠萝100克、黄豆芽30克、西红柿1个、香菜50克、罗勒5片

调味料o

盐1/4小匙、鱼露2大匙、糖1大匙、罗望子酱3大匙

做法o

1. 将尼罗红鱼洗净切块，放入滚水中汆烫，备用。
2. 将菠萝、西红柿洗净切块备用。
3. 取汤锅，倒入800毫升水煮滚，加入做法1、做法2的材料煮3分钟，加入所有调味料和黄豆芽煮2分钟后熄火。
4. 食用时再撒入罗勒和香菜即可。

Tips.料理小秘诀

这道越式酸鱼汤是越南相当道地且受欢迎的一道汤品，天然的水果搭配鲜鱼，让这道汤酸且鲜。但水果不耐久煮，所以要记得水滚后再放入，才不会使香气煮到流失掉。

豆酥鳕鱼

材料o

碎豆酥50克、鳕鱼1片(约200克)、葱30克、姜10克、蒜末10克、葱花20克

调味料o

米酒1大匙、糖1/4小匙、辣椒酱1小匙

做法o

1. 鳕鱼片洗净后置于蒸盘；葱洗净切段拍破、姜洗净切片拍破后，均铺至鳕鱼片上，再洒上米酒（如图1）。
2. 将鳕鱼片放入蒸笼中，以大火蒸约8分钟后取出（如图2）。
3. 挑去葱段和姜片，再将水分滤除（如图3）。
4. 热锅，倒入约100毫升色拉油，先放入蒜末以小火略炒，再加入碎豆酥及糖，转中火不停翻炒，炒至豆酥颜色呈金黄色，即可转小火（如图4）。
5. 续加辣椒酱快炒，再加入葱花炒散（如图5），最后铲起炒好的豆酥，铺至鳕鱼片上即可（如图6）。

Tips.料理小秘诀

豆酥鳕鱼要做得好吃，首先要炒好豆酥，其香味要经过一段时间翻炒才能完全散发出来。翻炒时受热要均匀，同时火不能开太大，才不会炒焦而有苦味产生。最后放入葱花时，只要炒匀即可，若炒太久反而会使葱的香味变淡。

1

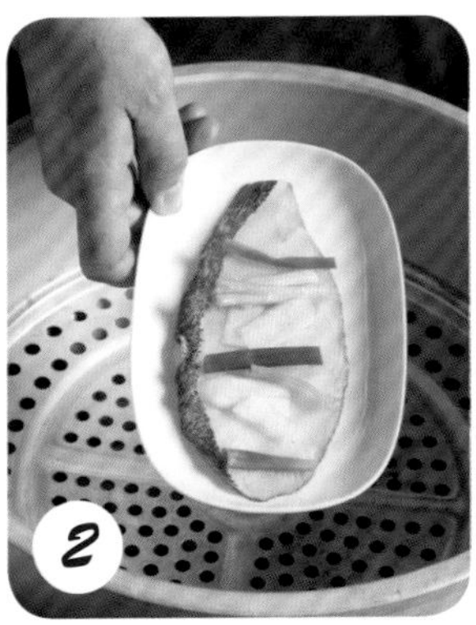
2

3

4

5

6

豆豉蒸鱼

材料o

虱目鱼肚1片（约200克）、蒜片适量、红辣椒片适量、葱段适量、姜片5克、新鲜罗勒适量

调味料o

黑豆豉1大匙、香油1小匙、糖1小匙、盐1小匙、白胡椒粉1小匙

做法o

1. 将虱目鱼肚洗净，用餐巾纸吸干，放入盘中。
2. 取容器，加入所有的调味料一起轻轻搅拌均匀，铺盖在虱目鱼肚上。
3. 将蒜片、红辣椒片、葱段、姜片和罗勒叶放至虱目鱼肚上，盖上保鲜膜，放入电锅中，外锅加入1杯水，蒸至开关跳起即可。

破布子蒸鳕鱼

材料o

鳕鱼1片（约200克）、蒜片适量、红辣椒片少许、葱1根

调味料o

破布子2大匙、糖1小匙、盐少许、白胡椒少许、米酒2大匙、香油1小匙

做法o

1. 将鳕鱼洗净，用餐巾纸吸干，放入盘中；葱洗净，部分切段，部分切丝。
2. 取容器，加入所有的调味料一起轻轻搅拌均匀，铺盖在鳕鱼上。
3. 将蒜片、红辣椒片和葱段、葱丝放至鳕鱼上，盖上保鲜膜，放入电锅中，外锅加入1杯水，蒸至开关跳起即可。

豆瓣鱼

材料o

尼罗鱼1条、葱段适量、姜片3片、盒装豆腐1/2盒、猪肉泥80克、葱花1小匙、姜末1/2小匙、蒜末1/2小匙、水淀粉1小匙

调味料o

辣豆瓣酱1大匙、盐1/4小匙、酱油1小匙、糖1小匙、米酒1大匙

做法o

1. 尼罗鱼清理干净，鱼身两面各划3刀；取一盘放上葱段、姜片，再放上尼罗鱼，入蒸笼蒸约10分钟至熟后取出，丢弃葱段、姜片，备用。
2. 取出盒装豆腐切小丁，沥干水分，备用。
3. 锅烧热，加入1大匙色拉油，放入猪肉泥炒至肉色变白，再加入蒜末、姜末、辣豆瓣酱略炒，加入80毫升水、其余调味料、豆腐丁，煮至滚沸后以水淀粉勾芡，淋在鱼身上，撒上葱花即可。

豆酱鲜鱼

材料o

鲈鱼1条（约400克）、姜末10克、红辣椒末5克、葱花10克

调味料o

黄豆酱1大匙、酱油1小匙、米酒2大匙、糖1大匙、香油1小匙

做法o

1. 鲈鱼洗净沥干，从腹部切开至背部但不切断，将整条鱼摊开成片状，放入盘中，盘底横放1根筷子备用。
2. 黄豆酱放入碗中，加入米酒、酱油、糖及姜末、红辣椒末混合成蒸鱼酱。
3. 将蒸鱼酱均匀淋在鱼上，封上保鲜膜，两边留小缝隙透气勿密封，移入蒸笼以大火蒸约8分钟后取出，撕去保鲜膜，撒上葱花并淋上香油即可。

清蒸鲈鱼

材料o

鲈鱼1条(约700克)、葱4根、姜30克、红辣椒1个

调味料o

A 蚝油1大匙、糖1大匙、白胡椒粉1/6小匙
B 米酒1大匙、色拉油50毫升

做法o

1. 鲈鱼洗净，从鱼背鳍与鱼头处到鱼尾纵切1刀、深至鱼骨，将切口处向下置于蒸盘上，在鱼身下横垫1根筷子以利蒸汽穿透。
2. 将2根葱洗净切段并拍破，10克姜洗净切片，铺在鲈鱼上，洒上米酒，放入蒸笼中，以大火蒸约15分钟至熟，再取出装盘，葱、姜及蒸鱼水舍弃不用。
3. 取另2根葱、20克姜和红辣椒洗净切细丝，铺在鲈鱼上。热锅，倒入50毫升色拉油，烧热后淋至葱丝、姜丝和红辣椒丝上，再将50毫升水和调味料A混合煮滚，淋在鲈鱼上即可。

Tips.料理小秘诀

蒸鱼时，火候一定要控制好，最好用中大火，如此蒸出来的鱼肉质才不会太老。蒸的时间也不宜过久，才能保持鱼本身的鲜甜。

清蒸鳕鱼

材料o

鳕鱼250克、姜片10克、葱段10克、香菜适量、姜丝适量、葱丝适量、红辣椒丝适量

调味料o

A 米酒1大匙、香油1小匙
B 糖1/4小匙、鲜美露1小匙、酱油1/2大匙

做法o

1. 取一蒸盘，放上姜片、葱段，再放上洗净的鳕鱼，淋上米酒，放入蒸锅中蒸约7分钟至熟，取出备用。
2. 热锅，放入调味料B煮至沸腾，再加入香油拌匀。
3. 将做法2的调味料淋在鳕鱼上，再撒上香菜、姜丝、葱丝、红辣椒丝即可。

Tips.料理小秘诀

蒸鱼最怕蒸熟的鱼皮粘在盘上。有个小诀窍就是在蒸盘上先铺上姜片、葱段等辛香料，让鱼皮不直接接触盘面，就可以减少粘连的状况。此外，这些辛香料还有去腥提味的效果，可以让蒸鱼风味更佳。

鱼肉蒸蛋

材料o

鱼肉80克、鸡蛋4个、葱丝10克、红辣椒丝5克

调味料o

米酒1小匙、盐1/6小匙、白胡椒粉1/6小匙

做法o

1. 鱼肉洗净切片，放入滚水中汆烫，约10秒后捞起泡凉，沥干备用。
2. 将鸡蛋打散，加入300毫升水、所有调味料拌匀，以细滤网过滤掉结缔组织及泡沫。
3. 将蛋液装碗，放入鱼肉，用保鲜膜封好。
4. 将碗放入蒸笼，以小火蒸约15分钟至蒸蛋熟（轻敲蒸笼，令鸡蛋不会有水波纹）。取出撕去保鲜膜，撒上葱丝、红辣椒丝即可。

麻婆豆腐鱼

材料o

草鱼肉1块(约300克)、盒装嫩豆腐1/2盒、猪肉泥50克、葱段30克、姜片10克、蒜末10克、姜末10克、葱花20克

调味料o

米酒1大匙、辣椒酱2大匙、酱油1匙、糖1匙、水淀粉1大匙、香油1匙、花椒粉1/8小匙

做法o

1. 草鱼清理、清洗好置于蒸盘上；嫩豆腐切丁备用。
2. 将葱段、姜片铺在草鱼上，洒上米酒，放入蒸笼以大火蒸约15分钟至熟，取出装盘。
3. 热锅，加入少许色拉油，先以小火爆香蒜末、姜末及辣椒酱，再放入猪肉泥炒至变白松散。
4. 加入酱油、糖及1/4碗水，烧开后放入豆腐丁。略煮滚后，开小火，一面慢慢淋入水淀粉，一面摇晃炒锅，使水淀粉均匀。
5. 用锅铲轻推，勿使豆腐丁破烂，加入香油及花椒粉、葱花拌匀后，淋至草鱼身上即可。

咸鱼蒸豆腐

材料o

咸鲭鱼80克、豆腐180克、姜丝20克、香菜1小棵

调味料o

香油1/2小匙

做法o

1. 豆腐冲净，切成厚约1.5厘米的厚片，置于盘里备用（如图1）；香菜洗净。
2. 咸鲭鱼略清洗过，斜切成厚约0.5厘米的薄片备用（如图2）。
3. 将咸鱼片摆放在豆腐上（如图3）。
4. 铺上姜丝（如图4）。
5. 电锅外锅加入3/4杯水，放入蒸架后，将咸鱼片放置架上（如图5），盖上锅盖，按下开关，蒸至开关跳起，取出鱼后淋上香油，点缀上香菜即可。

Tips.料理小秘诀

这道料理也可用微波炉做，做法1至做法4同电锅做法，淋上5毫升米酒及50毫升水（材料外），用保鲜膜封好，放入微波炉以大火微波4分钟即可。

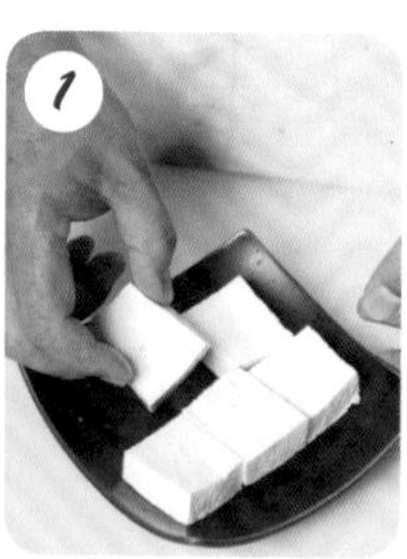

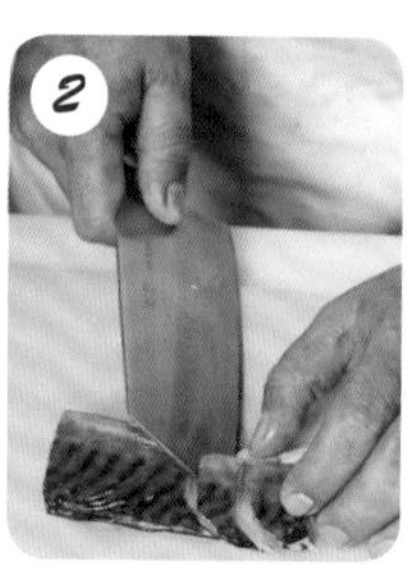

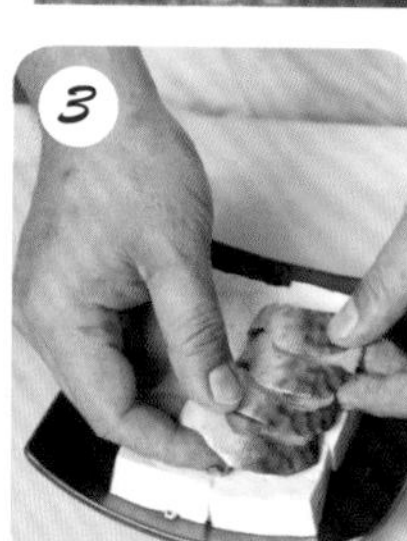

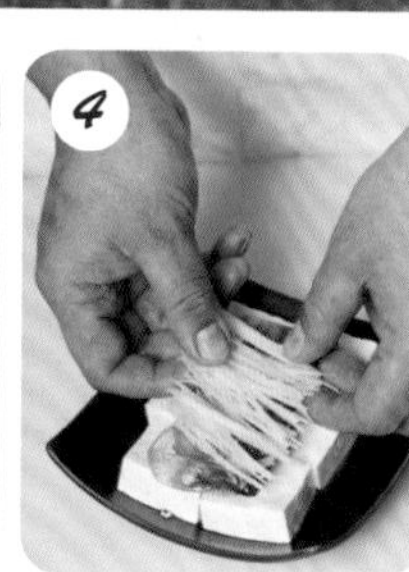

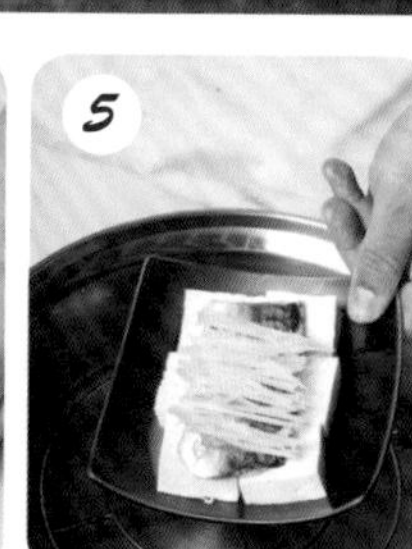

荫瓜蒸鱼

材料o

荫瓜蒸酱2大匙、豆仔鱼1条（约250克）、葱花适量

调味料o

香油1小匙

做法o

1. 煮一锅水，水滚后放入洗净的豆仔鱼，汆烫约5秒后取出，放置于蒸盘上。
2. 将荫瓜蒸酱淋至豆仔鱼上，封上保鲜膜，放入蒸笼以大火蒸约15分钟后取出，撕去保鲜膜，撒上葱花及香油即可。

荫瓜蒸酱

材料：
市售荫瓜酱 140 克、米酒 20 毫升、酱油 2 大匙、糖 1 大匙、姜末 10 克、红辣椒末 5 克、泡发香菇丝 40 克

做法：
将荫瓜酱切碎，加入其余材料混合拌匀，即为荫瓜蒸酱。

咸冬瓜蒸鳕鱼

材料o

咸冬瓜2大匙、鳕鱼1片（约200克）、米酒1大匙、葱1根、红辣椒1个

做法o

1. 鳕鱼片清洗后放入蒸盘；葱、红辣椒洗净切丝，备用。
2. 咸冬瓜铺在鳕鱼片上，淋上米酒，放入电锅中，外锅放1杯水，盖上锅盖后按下启动开关，待开关跳起后取出，撒上葱丝、红辣椒丝即可。

Tips.**料理小秘诀**

清蒸鱼时最重视调味了，用咸冬瓜刚好，口味不咸又方便。

清蒸鱼卷

材料o

鱼肚档250克、香菇4朵、姜丝40克、豆腐1块、葱丝30克、红辣椒丝10克、香菜10克、黑胡椒粉1/2小匙

调味料o

鱼露2大匙、冰糖1小匙、香菇精1小匙、米酒1大匙、香油2大匙、色拉油2大匙

做法o

1. 鱼肚档洗净切片；豆腐洗净切片后铺于盘中；香菇洗净切成丝，备用。
2. 鱼露、冰糖、香菇精、100毫升水、米酒一起调匀后备用。
3. 将鱼肚档片包入香菇丝、姜丝后卷起来，放在排好的豆腐片上。
4. 将做法2的调味料淋入做法3的材料上，放入蒸笼以大火蒸8分钟。
5. 将蒸好的鱼卷取出，撒上葱丝、红辣椒丝、香菜及黑胡椒粉，再把香油、色拉油烧热后，淋在鱼卷上即可。

蒜泥蒸鱼片

材料o

蒜泥酱1大匙、鲷鱼片1片（约250克）、葱花10克

调味料o

蚝油1大匙、糖1小匙

做法o

1. 把鲷鱼片洗净后，切厚片排放蒸盘上。
2. 在调味料中加1小匙开水，混合成酱汁备用。
3. 将蒜泥酱淋至鲷鱼片上，封上保鲜膜，放入蒸笼以大火蒸约15分钟后取出，撕去保鲜膜，撒上葱花，再淋上酱汁即可。

蒜泥酱

材料：

A 蒜泥 50 克

B 色拉油 2 大匙、米酒 1 小匙、水 1 大匙

做法：

（1）取一锅，加入少许色拉油（分量外），待锅烧热至约150℃后熄火。

（2）趁锅热时，将蒜泥入锅略炒香，再加入材料B混合拌匀，即为蒜泥酱。

泰式柠檬鱼

材料o

柠檬1/2个、鲈鱼1条（约500克）、姜片20克、红辣椒1个、香菜少许

调味料o

鱼露2小匙、白胡椒粉少许、甘味酱油1大匙、糖2小匙、香油1大匙

做法o

1. 将鲈鱼洗净，两侧各用菜刀划开5刀，放置于蒸盘内；柠檬洗净切片、红辣椒洗净切斜片，备用。
2. 将柠檬片置于切开的鱼肉中，红辣椒片和姜片放在鱼肚中。
3. 将鱼露及白胡椒粉、甘味酱油、糖、香油搅拌均匀，淋于柠檬鱼身上，放入蒸锅以大火蒸约10分钟，至鱼肉熟透后取出，撒上香菜即可。

粉蒸鳝鱼

材料o

鳝鱼片150克、葱1根、蒜末20克

调味料o

A 蒸肉粉2大匙、辣椒酱1大匙、酒酿1大匙、酱油1小匙、糖1小匙、香油1大匙

B 香醋1大匙

做法o

1. 鳝鱼片洗净后沥干，切成长约5厘米的鱼片；葱洗净切丝，备用。
2. 将鳝鱼片、蒜末与调味料A一起拌匀后，腌渍约5分钟后装盘。
3. 电锅外锅加入1/2杯水，放入蒸架后，将鳝鱼片放置架上，盖上锅盖，按下开关，蒸至开关跳起，取出并撒上葱丝，淋上香醋即可。

盐烤香鱼

材料o

香鱼3条、柠檬适量、巴西里适量

调味料o

米酒1/2大匙、盐1/2大匙

做法o

1. 香鱼洗净沥干，均匀地抹上米酒后腌约5分钟，备用。
2. 在香鱼表面均匀地抹上一层盐，放入已预热的烤箱中以220℃烤约15分钟。
3. 取出烤好的香鱼，搭配柠檬片、巴西里即可。

Tips.料理小秘诀

可以利用铝箔纸包裹鱼，再放进烤箱，这样就可以减少鱼皮粘连在烤盘上的状况。但是记得在铝箔纸上剪几个小洞以透气，这样才不会因为有水蒸气而使肉质过于软烂。

葱烤白鲳鱼

材料o

白鲳鱼1条、香菜适量

腌料o

葱末1大匙、酱油1小匙、糖1/4小匙、姜泥1/4小匙、米酒1/4小匙、番茄酱1大匙

做法o

1. 将所有的腌料混合均匀成葱味腌酱备用。
2. 鲳鱼洗净，在两面各划上花刀。
3. 将鲳鱼加入葱味腌酱腌约15分钟备用。
4. 将鲳鱼放入已预热的烤箱中，以150℃烤约15分钟后取出盛盘，再摆上香菜装饰即可。

Tips.料理小秘诀

在鱼的两侧划花刀，可以让鱼在腌的过程中更快入味，但是不要划太多刀让刀痕相隔太近，以免在烹调过程中导致鱼肉散开。

麻辣烤鱼

材料o

香鱼2条、芹菜50克、蒜末20克、姜末10克、香菜末5克

调味料o

辣豆瓣酱2大匙、辣椒粉1/2小匙、花椒粉1/2小匙、米酒1大匙、糖1/2小匙

做法o

1. 香鱼去除鳃及内脏后洗净，放置烤碗中；芹菜洗净，切成长约4厘米的段。
2. 热锅，加入约2大匙色拉油，以小火炒香蒜末、姜末及辣豆瓣酱。
3. 加入香菜末、辣椒粉及花椒粉炒匀，再加入100毫升水、米酒及糖。
4. 煮滚后加入芹菜段，淋至香鱼上。烤箱预热至250℃，将香鱼放入烤箱，烤约15分钟至熟即可。

味噌酱烤鳕鱼

材料o

鳕鱼片2片、柠檬2瓣

调味料o

A 味醂2大匙、白味噌1/2大匙

B 七味粉1/2小匙

做法o

1. 将鳕鱼片洗净，加入所有调味料A腌约10分钟，备用。
2. 烤盘铺上铝箔纸，并在表面上涂上少许色拉油，放上鳕鱼片。
3. 烤箱预热至150℃，放入鳕鱼，烤约10分钟至熟。
4. 取出鳕鱼，挤上柠檬汁，再撒上适量七味粉即可。

Tips.料理小秘诀

没有覆盖铝箔纸烤出来的鳕鱼表面会比较酥脆，如果利用铝箔纸包起来或盖起来烤，鱼肉的水分出不去，会产生一种蒸烤的效果，使鱼肉表面比较湿润，别有一番风味，喜欢这种口感的人不妨试一试。

酱笋虱目鱼

材料o

虱目鱼200克、酱笋30克、姜丝10克、蒜末5克、葱丝5克、红辣椒丝5克

调味料o

糖1小匙、米酒1大匙、酱油1大匙

做法o

1. 虱目鱼洗净，沥干水分备用。
2. 铝箔纸折成适当大小的容器。
3. 将虱目鱼放入铝箔纸中，加入酱笋、蒜末、姜丝与所有的调味料后，将铝箔纸包好，封口捏紧。
4. 将做法3的材料放入已预热的烤箱，以180℃烤约20分钟，取出撒上葱丝、红辣椒丝即可。

芝麻香烤柳叶鱼

材料o

柳叶鱼300克、熟白芝麻1/2大匙

调味料o

糖1/2小匙、酱油1/4小匙

做法o

1. 柳叶鱼洗净，备用。
2. 将柳叶鱼加入所有调味料拌匀，腌渍约5分钟。
3. 烤箱预热至150℃，放入柳叶鱼烤约5分钟至熟，取出撒上熟白芝麻（可另加入柠檬片装饰）即可。

Tips.料理小秘诀

一般料理柳叶鱼都是用炸的，但其实用烤的方式料理也别有一番风味。因为柳叶鱼较小、易熟，所以在烤的时候记得要拿捏好时间，以免一不小心就烤焦了而影响鱼的口感。

烤奶油鳕鱼

材料○

鳕鱼1片、蒜仁2粒、红辣椒1个、洋葱1/2个、姜5克

调味料○

奶油1大匙、香油1小匙、白胡椒粉1/4小匙、盐1/2小匙、米酒1大匙

做法○

1. 鳕鱼洗净后，将水分吸干，放置烤盘上。
2. 蒜仁、红辣椒、洋葱和姜洗净沥干，切丝备用。
3. 将做法2的材料混合拌匀，与所有调味料一起铺在鳕鱼上，再放入已预热的烤箱中，以上火190℃、下火190℃烤约15分钟至熟即可。

Tips.料理小秘诀

鳕鱼表面的水分若没有完全吸干，放入烤箱烤时，奶油就无法完全渗入鱼肉之中。

焗三文鱼

材料o

三文鱼1片、鲜奶50毫升、盐1小匙、白酒1大匙、巴西里碎1大匙、奶酪丝50克

调味料o

奶油白酱3大匙

做法o

1. 三文鱼洗净，先用鲜奶、盐和白酒腌约30分钟，再取出放入锅中煎至半熟后，盛入容器中。
2. 淋上奶油白酱和巴西里碎，再铺上少许奶酪丝，放入已预热的烤箱中，以上火250℃、下火100℃烤5~10分钟，至外观略上色即可。

奶油白酱

材料：

奶油 100 克、低筋面粉 90 克、动物性鲜奶油 400 克、盐 7 克、糖 7 克、奶酪粉 20 克

做法：

（1）奶油以小火煮至溶化，再倒入低筋面粉炒至糊化，接着慢慢倒入400毫升冷开水把面糊煮开。

（2）最后加入动物性鲜奶油、盐、糖和奶酪粉拌匀即可。

备注：也可加入少量乳酪或奶酪丝，可增添白酱的风味和口感。

蒲烧鳗

材料○

蒲烧鳗鱼1/2条、山椒粉适量

调味料○

蒲烧酱325克

做法○

1. 将蒲烧酱放入锅中，以大火将其煮沸后改小火，慢慢煮约40分钟至呈浓稠状备用。
2. 蒲烧鳗鱼切成约4等份，取2等份用竹签小心串起，重覆此做法至材料用毕。
3. 热一烤架，放上蒲烧鳗鱼串烧烤至两面皆略干。
4. 蒲烧鳗鱼串重复涂上做法1的酱汁2~3次，烤至入味后，撒上山椒粉即可。

蒲烧酱

材料：

酱油100毫升、米酒100毫升、味醂90毫升、糖45克、麦芽20克

做法：

将所有材料混合后，以大火将其煮至沸腾，改转小火煮至酱汁呈浓稠状即可。

烟熏鲷鱼片

材料○

鲷鱼片2片（大片）、生菜丝少许

腌料○

茶叶汁2大匙、米酒1大匙、红糖1大匙、酱油1/2大匙、番茄酱1大匙

做法○

1. 将所有腌料混合均匀成熏鱼片腌酱备用。
2. 将鲷鱼片洗净，加入熏鱼片腌酱腌约20分钟。
3. 取出鲷鱼片，放置于烤网上备用。
4. 取锅，锅中铺上铝箔纸，倒入做法2剩余的熏鱼片腌酱，放入熏鱼片，盖上锅盖，以中火烟熏约10分钟至鱼片熟，搭配生菜丝食用即可。

Tips.料理小秘诀

除了腌料的汤汁，还可以将茶叶一起放入锅中，熏出来的风味更有茶香。

柠檬西柚焗鲷鱼

材料o

鲷鱼片200克、奶酪丝50克、红甜椒末少许

调味料o

柠檬汁10毫升、西柚汁20毫升、面粉1/2大匙

做法o

1. 将柠檬汁、西柚汁、面粉拌匀成面糊，放入洗净的鲷鱼片沾裹均匀。
2. 热油锅，将鲷鱼片放入油锅内，以小火煎熟后起锅，装入烤盘中，放上奶酪丝。
3. 将鲷鱼放入烤箱中，以上火250℃、下火150℃烤约2分钟至表面呈金黄色。
4. 最后撒上少许红甜椒末装饰即可。

沙拉鲈鱼

材料o

金目鲈1条、洋葱1/2个、香菜根3根、姜末20克、蒜仁3粒、芹菜叶20克、胡萝卜丝20克、葱1根、美乃滋1大匙

调味料o

盐1小匙、米酒1小匙、蚝油1.5小匙、糖1/2小匙、白胡椒粉1/2小匙

做法o

1. 将金目鲈清理干净，斜刀切成4段。
2. 取一容器，放入洋葱、香菜根、姜末、蒜仁、芹菜叶和胡萝卜丝，加入调味料后用手抓匀。
3. 将金目鲈和做法2的材料混合拌匀，腌约2小时。
4. 取一烤盘，放上葱铺底，再将腌好的鲈鱼摆上，把烤盘放入预热至180℃的烤箱中，烤约15分钟后取出，食用时蘸美乃滋即可。

醋熘草鱼块

材料o

草鱼块1块（约300克）、葱2根、姜30克

调味料o

A 米酒2大匙、香醋100毫升、酱油1大匙、糖2大匙、白胡椒粉1/4小匙

B 水淀粉1大匙、香油1大匙

做法o

1. 将草鱼块洗净，在鱼肉上划斜刀；取20克姜洗净拍裂；10克姜洗净切末备用；葱洗净切丝（如图1）。
2. 取一炒锅，于锅内加入适量水（分量外，水的高度以可淹过鱼肉为准），将水煮滚后加入米酒、葱和20克姜（如图2）。
3. 放入草鱼块（如图3），水滚后转至小火，煮约8分钟至熟后捞起草鱼块，沥干装盘（如图4）。
4. 热锅，倒入少许油，先将姜末和100毫升水、其余调味料A放入混合拌匀，煮滚后用水淀粉勾芡（如图5），再洒入香油，最后将酱汁淋至草鱼块上，撒上葱丝即可（如图6）。

Tips.料理小秘诀

煮鱼块时，可先于水中放入葱和姜去腥。有时选用的鱼块较大、肉较厚，若用大火煮容易造成外表的鱼肉过老、内部的鱼肉却未熟的情形产生。因此，以小火让煮鱼的水保持微滚最佳。

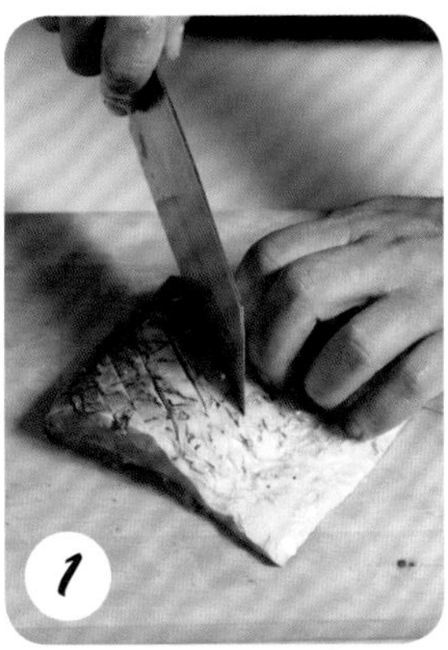

三文鱼奶酪卷

材料o

三文鱼 300 克、奶酪片适量、上海青 3 棵

腌料o

米酒 1 大匙、盐 1/2 小匙、胡椒粉 1/2 小匙、淀粉 1 小匙

做法o

1. 将三文鱼洗净，切成12片，用所有腌料腌10分钟至入味备用。
2. 上海青洗净，取大片菜叶用盐水泡软备用。
3. 奶酪片切成12小片，取2片三文鱼片于其中夹入2小片奶酪片，再用上海青叶包卷起来，封口朝下，重复此做法至材料用毕。
4. 烤箱预热至220℃，将做法3的材料放在抹有油的铝箔纸上包起来，放入烤箱烤约10分钟后，取出盛盘，淋上流出的奶酪汁即可。

Tips.料理小秘诀

三文鱼易熟，使用前一定要先用调味料腌过，再用上海青叶包卷起来。由于上海青容易变色，入烤箱前一定要将上海青叶泡盐水（盐与水的比例为1：10），一方面是为了让菜叶变软便于包卷，另一方面是防止其变色。而铝箔纸抗油，能避免菜叶粘连在铝箔纸上。

培根鱼卷

材料o

培根6片、鲶鱼肚档100克、葱段适量、红甜椒30克、黄甜椒30克

腌料o

盐1/2小匙、米酒1小匙、白胡椒粉1/4小匙

做法o

1. 鲶鱼肚档洗净切条状，加入所有腌料腌约5分钟；红甜椒条、黄甜椒洗净切条状，备用。
2. 取培根，将鱼条、红甜椒条、黄甜椒条、葱段卷起来，用牙签固定备用。
3. 将培根鱼卷放入已预热的烤箱中，以220℃烤约10分钟，取出，放在盘中的生菜叶（材料外）上即可。

中式凉拌鱼片

材料o

鲷鱼120克、蛋清1个、淀粉1大匙、小黄瓜1条、姜片2片、嫩姜丝5克

调味料o

沙茶酱20克、酱油10毫升、糖5克、白醋5毫升、香油5毫升

做法o

1. 鲷鱼洗净切片，用蛋清抓拌至有黏性后，均匀裹上淀粉，静置约5分钟备用。
2. 小黄瓜洗净，切成薄片，摆盘备用。
3. 取一锅，加入适量的水煮至滚沸，放入姜片煮至再度滚沸。
4. 于锅中放入鲷鱼片，用锅铲轻轻拨动，使鱼片分开，鱼片烫熟后捞出，摆于做法2的盘上。
5. 取1碗，加入10毫升热开水、所有调味料混合，再均匀地淋在鲷鱼片上，最后摆上嫩姜丝即可。

五味鱼片

材料o

鲷鱼片400克、姜片适量、葱段适量、米酒适量

调味料o

五味酱适量

做法o

1. 鲷鱼片洗净切厚片备用。
2. 热一锅水，加入姜片、葱段煮沸后，加入米酒、鲷鱼片煮至沸腾，熄火，盖上锅盖闷约2分钟。
3. 捞出鲷鱼片沥干盛盘，淋上适量的五味酱即可。

五味酱

材料：

蒜末10克、姜末10克、葱末10克、红辣椒末10克、香菜末10克、乌醋1大匙、白醋1大匙、糖2大匙、酱油2大匙、酱油膏1大匙、番茄酱2大匙

做法：

取一容器，将全部材料搅拌均匀即可。

蒜泥鱼片

材料o

蒜仁30克、草鱼肉1块（约200克）、绿豆芽100克、葱2根、姜10克

调味料o

A 盐1/6小匙、白胡椒粉1/6小匙、淀粉1小匙、米酒1小匙

B 酱油1大匙、糖1/2小匙、香油1小匙

做法o

1. 草鱼肉洗净，以厨房纸巾擦干水分，切成厚约1厘米的厚片，加入调味料A拌匀备用。
2. 葱、姜、蒜仁均洗净、切末，与调味料B混合成蘸酱备用。
3. 烧一锅水，水开时先放入洗净的绿豆芽，烫约20秒钟后捞起装盘，待水再滚时，放入鱼片烫约30秒钟即捞起，铺在绿豆芽上，最后淋上蘸酱即可。

蒜椒鱼片

材料o

蒜仁60克、红辣椒2个、鲜鱼肉180克

调味料o

A 淀粉1小匙、料酒1小匙、蛋清1大匙

B 盐1/2小匙、鸡粉1/2小匙

做法o

1. 将鲜鱼肉洗净切成厚约0.5厘米的片状，再以调味料A抓匀，备用。
2. 蒜仁、红辣椒洗净皆切末，备用。
3. 将鲜鱼片放入滚水中汆烫约1分钟至熟，装盘备用。
4. 热锅，加入2大匙色拉油，放入蒜末、红辣椒末及盐、鸡粉，以小火炒约1分钟至有香味后即可起锅。
5. 把做法4的材料淋至鱼片上即可。

红油鱼片

材料o

鲷鱼片200克、绿豆芽30克、葱末5克

调味料o

酱油2小匙、蚝油1小匙、白醋1小匙、糖1.5小匙、红油2大匙

做法o

1. 鲷鱼片洗净切花片备用。
2. 所有调味料放入碗中，加2小匙冷开水拌匀成酱汁备用。
3. 锅中倒入适量水烧开，先放入绿豆芽汆烫约5秒，捞出沥干，盛入盘中备用。
4. 续将鲷鱼片放入滚水锅中，汆烫至再次滚沸，熄火浸泡约3分钟，捞出沥干放入绿豆芽上，最后淋上酱汁并撒上葱末即可。

Tips.料理小秘诀

新鲜的薄片鱼肉只需要稍微汆烫一下，就是最好的料理方式，能既快速又完美地表现出鱼肉的鲜甜滋味。搭配上口味重且较为浓稠的酱汁，能紧紧包裹在鱼片的表面上，外香滑肉鲜甜的绝佳鱼料理，5分钟就能上桌。

味噌烫鱼片

材料o

味噌酱油酱1大匙、鲷鱼片1片、姜6克、芹菜3根、红辣椒1个

做法o

1. 将鱼肉洗净，切成大丁状，再放入约80℃的热水中烫约1分钟后捞起备用。
2. 芹菜洗净切成段状；红辣椒、姜洗净切丝，都放入滚水中氽烫捞起备用。
3. 将做法1、做法2的所有材料混匀放入盘中，再淋入味噌酱油酱即可。

Tips.料理小秘诀

鱼片易熟，所以氽烫鱼肉时一定要注意，当鱼肉放入热水中，用热水的温度泡熟，不要一直去搅动它，才不容易散掉。

味噌酱油酱

材料：

市售白味噌2大匙、香油1小匙、酱油1小匙、糖1大匙、开水1大匙

做法：

将所有材料混合均匀，至糖完全溶化即可。

西红柿鱼片

材料o

大西红柿1个、鲷鱼片1片、茄汁酱1.5大匙

做法o

1. 将鲷鱼片切成块状，再放入滚水中汆烫过水备用。
2. 将大西红柿洗净去蒂，切小块状。
3. 最后将做法1、做法2的所有材料混匀，再淋入茄汁酱拌匀即可。

茄汁酱

材料：

新鲜罗勒 2 根、香菜 2 根、红辣椒 1/3 个、盐少许、黑胡椒粉少许、糖少许、番茄酱 3 大匙

做法：

（1）罗勒洗净切丝；香菜洗净切碎；红辣椒洗净切丝备用。

（2）将做法1的材料和其余材料混合均匀即可。

金枪鱼拌小黄瓜片

材料o

金枪鱼罐头1罐、小黄瓜1条、姜丝10克、洋葱丝20克

调味料o

白醋20毫升、糖5克、盐1/2小匙、白胡椒粉1/4小匙

做法o

1. 取出金枪鱼，去油，切成碎状；小黄瓜洗净切片备用。
2. 小黄瓜片、姜丝及洋葱丝分别用盐抓匀，挤干水分，摆盘。
3. 取一调理盆，放入所有调味料搅拌均匀，再加入金枪鱼碎混匀，盛入做法2的盘中即可。

芒果三文鱼沙拉

材料○

芒果1个、三文鱼罐头1罐、小黄瓜1条、莴苣1/3个、小西红柿2个

调味料○

千岛沙拉酱50克

做法○

1. 将小黄瓜洗净，先切成长条，再切丁状备用。
2. 芒果洗净，切成丁状；莴苣洗净，切细条状；小西红柿洗净对切，摆盘备用。
3. 取一调理盆，放入三文鱼、芒果丁、小黄瓜丁和莴苣条，再加入千岛沙拉酱，一起搅拌均匀，再盛起放于做法2的盘内即可。

Tips.料理小秘诀

三文鱼罐头已经经过调味，所以有一定的咸度，不需要另外加盐，以免吃起来太咸。三文鱼罐头虽然料理方便，但一旦打开后就很容易干掉，若是没食用完，记得将鱼肉倒出装好再放进冰箱，千万不要直接将罐头连鱼肉一起放入，以免变质。

莳萝三文鱼沙拉

材料○

新鲜莳萝适量、
三文鱼200克

腌料○

新鲜莳萝末1小匙、蒜片1小匙、海盐1/2小匙、柠檬汁1大匙、橄榄油1大匙

做法○

1. 将所有腌料拌匀成莳萝柠檬腌酱备用。
2. 三文鱼去皮去骨，洗净后切片。
3. 将三文鱼加入莳萝柠檬腌酱拌匀，放入冰箱冷藏，腌约2小时。
4. 取出三文鱼片盛盘，再加上新鲜莳萝装饰即可。

Tips.料理小秘诀

因为莳萝的味道非常浓郁，加太多会盖过其他食材的风味，所以在添加时要斟酌。此外，这道菜中的三文鱼要生食，因此要买当日新鲜或是生食专用的三文鱼。

尼可西糖醋鱼条

材料o

鳕鱼条120克、淀粉20克、鸡蛋液1个、洋葱丝15克、柠檬片2片、

调味料o

白醋250毫升、糖120克、盐1/2小匙、白胡椒粉1/4小匙、辣椒粉1/6小匙、巴西里碎1/6小匙

做法o

1. 在鳕鱼条表面撒上盐、白胡椒粉后，依序均匀裹上鸡蛋液、淀粉。
2. 热锅，倒入适量油烧热，放入鳕鱼条以中火炸至表面呈金黄色，捞起、沥油备用。
3. 另热一锅，放入适量油烧热，放入洋葱丝略炒爆香即起锅，备用。
4. 取一调理盆，先加入洋葱丝、100毫升开水及所有调味料搅拌均匀，再放入鳕鱼条混匀，冷藏腌渍约1天后取出，盛盘；最后加上柠檬片、少许巴西里碎及少许辣椒粉装饰即可。

Tips.料理小秘诀

鳕鱼因为肉质较软，所以在炸的时候除了不要太大力翻动，也不要一直翻动，以免鱼肉还未定型就先散开。另外，炸鱼时建议不要用大火，以免造成加热过快，鱼条的表皮先焦而内部鱼肉还未熟。

醋渍鲭鱼沙拉

材料o

鲭鱼300克

腌料o

蒜片1小匙、海盐1小匙、白酒醋2大匙、橄榄油1大匙、柠檬片8片、月桂叶片2片、黑胡椒粒1/4小匙

做法o

1. 将所有的腌料拌匀成白酒醋渍腌酱备用。
2. 鲭鱼洗净后去骨，将鱼肉切小片备用。
3. 锅中加适量水煮沸后，淋在鲭鱼上，略烫至鲭鱼表面约1分熟，取出鲭鱼沥干。
4. 将鲭鱼浸泡在白酒醋渍腌酱中，放入冰箱冷藏腌约3小时后，取出切薄片盛盘即可。

鳗鱼豆芽沙拉

材料o

鳗鱼罐头1罐、绿豆芽150克、生菜丝30克、小黄瓜1条、红辣椒丝少许

调味料o

橄榄油50毫升、白胡椒粉1/4小匙、盐1/2小匙

做法o

1. 取一盘，将生菜丝均匀铺于盘底备用。
2. 取一碗，放入所有调味料拌匀成酱汁备用。
3. 小黄瓜洗净切片，泡在冰开水中使其清脆，捞起排在生菜丝周围作装饰。
4. 绿豆芽用滚水汆烫熟后，以冷开水冲凉，捞起沥干水分，放于做法3的盘上，再放上鳗鱼及少许生菜丝、红辣椒丝装饰，最后淋上酱汁即可。

印尼鲷鱼沙拉

材料o

鲷鱼1片(约120克)、洋葱丝10克、红辣椒丝10克、巴西里碎5克、淀粉10克、盐1/4小匙、白胡椒粉1/6小匙

调味料o

番茄酱100克、柠檬汁30克、辣椒粉5克、糖少许、盐适量、白胡椒粉1/6小匙

做法o

1. 取一盘，将洋葱丝、红辣椒丝排盘备用。
2. 取一碗，将所有调味料拌匀成淋酱备用。
3. 鲷鱼洗净，切片，于表面均匀撒上材料中的白胡椒粉、盐略调味，再依序裹上淀粉备用。
4. 热锅，倒入适量油，再放入鲷鱼片以中火炸至熟，捞起盛入做法1的盘内备用。
5. 将淋酱淋在鲷鱼片上，最后撒上巴西里碎作装饰即可。

腌渍鲷鱼拌生菜

材料o

鲷鱼1片(约200克)、黄卷须生菜120克、洋葱丝50克、巴西里碎5克

调味料o

柠檬汁20毫升、白酒醋30毫升、橄榄油120毫升、盐1/2小匙、七彩胡椒粉1/4小匙

做法o

1. 鲷鱼肉洗净，切薄片，于表面撒点盐抹匀，再放入冰箱冷藏腌渍约3小时备用。
2. 取出鲷鱼片，将柠檬汁、白酒醋及橄榄油均匀涂抹于鱼表面。
3. 取一调理盆，放入黄卷须生菜、洋葱丝、巴西里碎及七彩胡椒粉混合拌匀，再加入腌渍好的鲷鱼肉片，拌至入味后盛盘即可。

意式金枪鱼四季豆沙拉

材料o

金枪鱼120克、四季豆50克、小西红柿20克、土豆40克

调味料o

橄榄油120毫升、盐1/2小匙、白胡椒粉1/4小匙

做法o

1. 小西红柿洗净后分别对切成2等份，备用。
2. 四季豆洗净，放入加了少许盐的滚水中煮至熟，取出以冷开水冲凉，切段备用。
3. 土豆去皮洗净，放入加了少许盐的滚水中煮至熟，捞起放凉，再切成不规则的小块备用。
4. 取一料理盆，放入四季豆、小西红柿、土豆块、橄榄油、盐及白胡椒粉，拌匀后盛盘。
5. 将金枪鱼撕成薄片状，均匀撒在做法4的材料上即可。

备注：做法2、做法3煮食材的盐及水皆为材料分量外。

金枪鱼柳橙盅

材料○

柳橙1个、金枪鱼20克、芦笋2根、巴西里适量、巴西里碎少许

调味料○

洋葱末30克、美乃滋50克、盐1/2小匙、白胡椒粉1/4小匙

做法○

1. 柳橙洗净，挖出果肉，将果肉切小丁（柳橙盅保留）备用。
2. 芦笋用滚水汆烫至熟后捞出；巴西里洗净后排入盘中装饰。
3. 金枪鱼去油后切成碎状，与所有调味料及柳橙果肉丁混合均匀备用。
4. 取适量做法3的材料填入柳橙盅内，摆入芦笋，再放于做法2的盘中，撒上巴西里碎即可。

洋葱拌金枪鱼

材料o

金枪鱼罐头1罐、洋葱1个、葱花1大匙

调味料o

柳橙原汁60毫升、米醋60毫升、酱油60毫升、味醂20毫升

做法o

1. 洋葱洗净去外皮薄膜后切细丝，再与所有调味料拌匀，备用。
2. 金枪鱼罐头开罐后倒出，滤油，将金枪鱼肉弄散备用。
3. 将洋葱丝夹出摆入盘中，接着把金枪鱼肉铺在洋葱丝上，淋上做法1剩余的酱汁，最后撒上葱花即可。

Tips.料理小秘诀

洋葱的辛辣味可以中和金枪鱼的腥味，也可以增加脆脆的口感。但若不喜欢吃起来有太呛的味道，也可以将洋葱放进纱袋中以清水揉洗，如此就可以洗去大部分的辛辣味。

和风拌鱼皮

材料○

三文鱼皮150克、洋葱50克、柴鱼片10克、海苔丝5克、葱花少许

调味料○

酱油1大匙、柠檬汁1小匙、糖1小匙

做法○

1. 洋葱洗净切丝，泡冰开水5分钟后沥干，摆入碗中。
2. 三文鱼皮洗净切小段，放入滚水中汆烫约1分钟后取出，泡入冰开水中至凉后捞起沥干，铺于洋葱丝上。
3. 将2大匙凉开水和所有调味料混合调匀，淋至三文鱼皮上，再撒上柴鱼片、海苔丝及葱花即可。

Tips.料理小秘诀

海鲜材料总是带有腥味，鱼皮也不例外。尤其制作凉拌鱼皮时，腥味会让整道菜都走味。因此在汆烫鱼皮的时候也可以加点洋葱丝、蒜仁和米酒一起汆烫，能简单又方便地去除掉鱼皮的腥味。

葱油鱼皮

材料o

葱1根、鱼皮300克、胡萝卜60克

调味料o

盐1小匙、糖1/4小匙、鸡粉1/4小匙、白胡椒粉1/4小匙

做法o

1. 煮一锅滚沸的水，放入鱼皮汆烫一下，捞起洗净，过冷水待凉，切丝备用。
2. 胡萝卜洗净去皮切丝；葱洗净切末，放入大碗中，备用。
3. 待做法1锅中的水再次煮至滚沸时，放入胡萝卜丝汆烫至熟，捞起过冷水待凉，备用。
4. 热锅，将色拉油烧热，冲入葱末中，再加入所有调味料拌匀成酱汁。
5. 将鱼皮丝、胡萝卜丝和酱汁一起拌匀即可。

Tips.料理小秘诀

鱼皮上若有残留鱼肉，一定要将鱼肉刮除，吃起来口感才会一致，鱼腥味才不会太重。若是使用干鱼皮，鱼皮泡发后一样要将鱼肉刮除喔！

沙拉鱼卵

材料o

熟鱼卵100克、包心菜50克、小黄瓜片适量

调味料o

沙拉酱1小包

做法o

1. 热油锅(油量要能盖过鱼卵)，当油温烧热至约120℃时，放入熟鱼卵以小火慢炸，炸约3分钟至表皮略呈金黄色后，取出放凉。
2. 包心菜洗净后切成细丝，装盘垫底。
3. 把鱼卵切成厚约0.4厘米的薄片，铺于包心菜丝上，最后挤上沙拉酱，摆上小黄瓜片装饰即可。

Tips.料理小秘诀

鱼卵脆脆的口感受到许多人的喜爱，但是鱼卵因为较脆弱不好处理，所以在炸鱼卵时要特别注意，油温一定要够热，以免鱼卵一下锅就粘锅。而且炸鱼卵的时候一定要用小火慢炸，以免鱼卵表面烧焦而不美味。

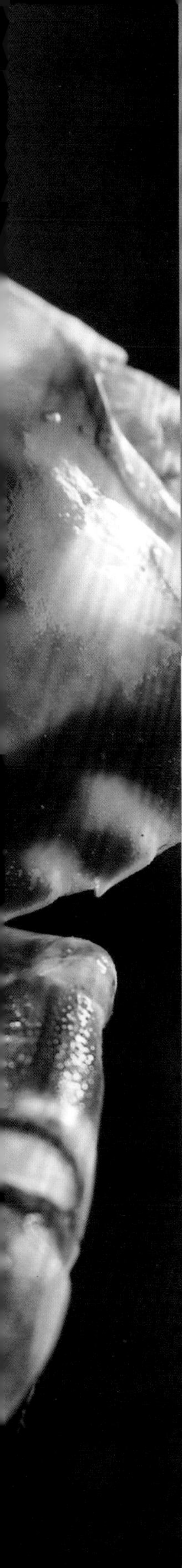

虾蟹类料理篇

一口咬下鲜甜的虾肉和饱满的蟹肉，满足感真是无法形容。虾蟹是海鲜大餐中不可缺少的食材，因为相较于其他海鲜，虾蟹料理不仅多变，而且取材和烹调都很简单，新鲜的虾蟹只要水煮或清蒸就很美味了。

但除了水煮和清蒸，还有什么方式也能烹调出虾蟹鲜甜的滋味？要怎样料理虾蟹才不会让肉质吃起来过老呢？想要知道答案，接下去看就对了。

虾蟹的挑选、处理诀窍大公开

想挑选新鲜的虾蟹却不知道该怎么辨识？鲜虾处理上还算简单，但许多人在料理螃蟹上可就遇到瓶颈了，究竟如何才能吃到干净新鲜的虾蟹料理呢？以下一一仔细教你。

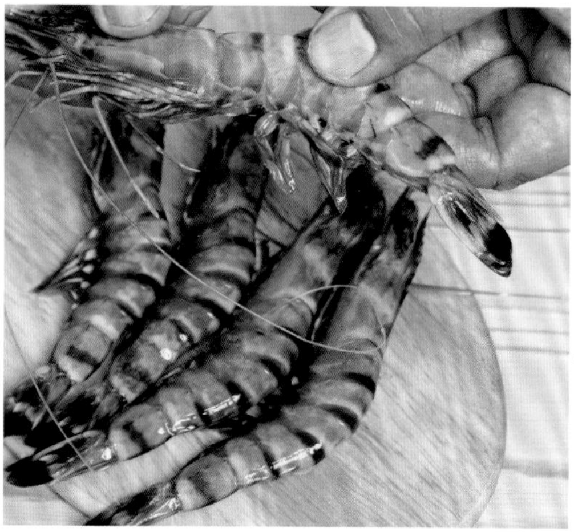

◎鲜虾挑选秘诀

Step1

先看虾头，若是购买活虾的话，头应该完整，而已经冷藏或冷冻过的新鲜虾，头部应与身体紧连，此外如果头顶呈现黑点就表示已经不新鲜了。

Step2

再来看壳，新鲜的虾壳应该有光泽且与虾肉紧连，若已经呈现分离或快要壳肉分离，或虾壳软化，则表明都是不新鲜的虾。

Step3

轻轻触摸虾身，新鲜虾的虾身不黏滑，按压时会有弹性，且虾壳完整没有残缺。

备忘录

虾仁通常都是商家将快失去鲜度的虾加工处理而成，因此基本上没有所谓新鲜度可言，建议购买新鲜带壳虾并自行处理，如此才能吃到最新鲜的虾仁。

◎尝鲜保存妙招

虾是相当容易腐坏的海鲜，如果希望保存较久一点，可以先把虾头剥除，再将虾身的水分拭干，放入冰箱冷藏或冷冻。虾仁则直接用保鲜盒密封后放进冰箱就可以了。不过还是建议尽快食用完比较好。

处理步骤

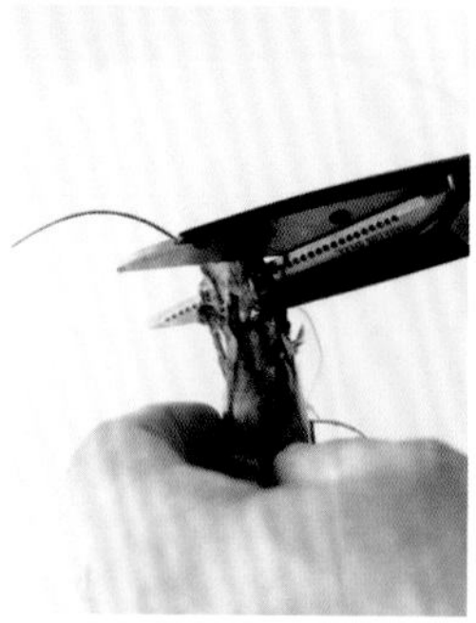

1 剪去鲜虾的长须和虾头的尖刺。

2 修剪鲜虾的脚，可留下部分。

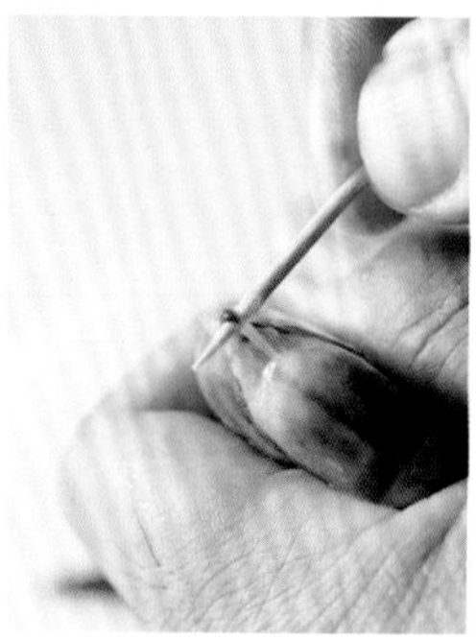

3 以竹签挑去鲜虾的肠泥。

4 轻轻地剥除鲜虾头。

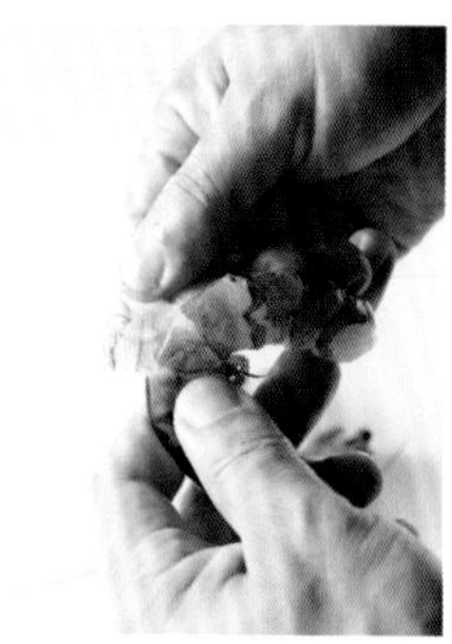

5 分次剥除鲜虾身体的外壳。

6 以清水冲洗干净，并沥干水分。

◎螃蟹挑选秘诀

Step1

因为螃蟹腐坏的速度非常快，建议选购活的螃蟹。首先观察螃蟹眼睛是否明亮，如果是活的，眼睛会正常转动，若是购买冷冻的，眼睛的颜色也要明亮有光泽。

Step2

观察蟹螯、蟹腿是否健全，若已经断落或是松脱残缺，表示螃蟹已经不新鲜了；另外背部的壳外观是否完整，也是判断新鲜度的依据。

Step3

若是海蟹可以翻过来，观察腹部是否洁白，而河蟹跟海蟹都可以按压其腹部，新鲜螃蟹会有饱满扎实的触感。

◎尝鲜保存妙招

新鲜的螃蟹若买回来没有立刻烹煮，可以放入保鲜盒中，喷洒少许的水分于螃蟹上，然后放入冰箱中冷藏，就可以稍微延长螃蟹的寿命。建议温度在5～8℃。若买的不是活跳跳的螃蟹或是无法一次吃完，建议可以将蟹肉与壳分离，处理干净后再放入冰箱保存，等下次要烹煮时再拿出来使用即可。

处理步骤

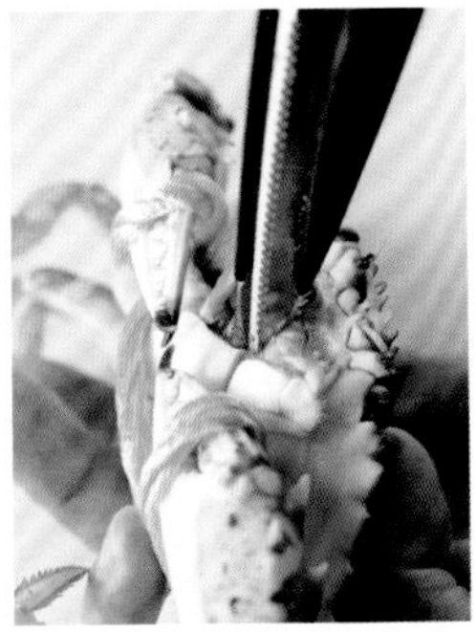

1 从螃蟹嘴下开缝处将剪刀插入。

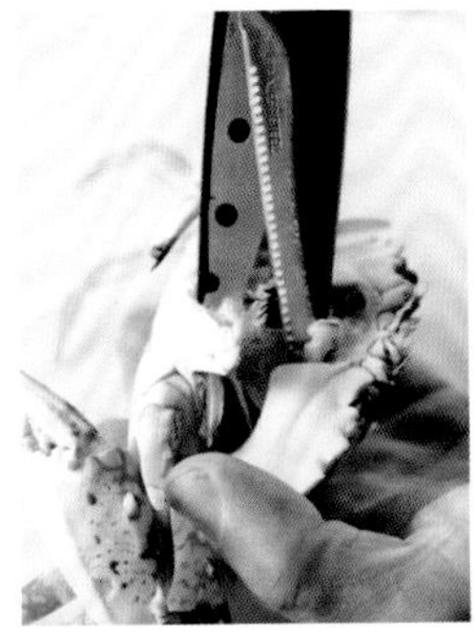

2 稍微用力将剪刀拉开，即可分开螃蟹壳。

3 剪除螃蟹的鳃，此为不可食用的部分。

4 去除螃蟹的鳍，此为不可食用的部分。

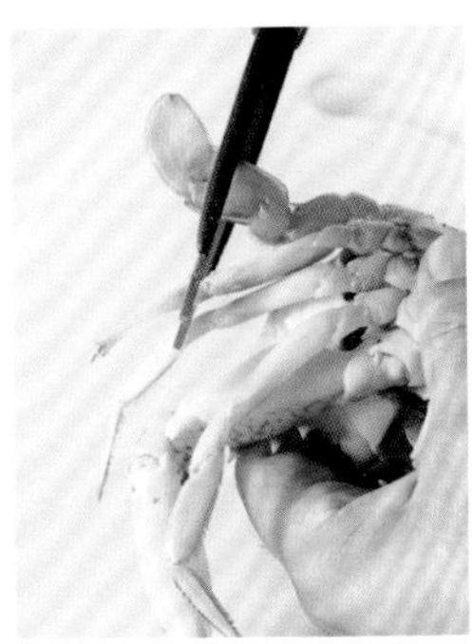

5 剪去螃蟹腿尖，以防食用时伤到口。

6 将螃蟹剁成大块状，蟹钳可用刀板轻拍，方便食用。

胡椒虾

材料○

白虾200克、蒜仁2粒、红辣椒片5克、葱花少许、面粉50克

调味料○

白胡椒粉1大匙、盐1小匙、香油1小匙

做法○

1. 白虾洗净沥干后，将尖头和长虾须剪掉。
2. 将白虾拍上薄薄的面粉备用。
3. 将白虾放入油锅中略炸后捞起，另起锅，加入蒜仁、红辣椒片和葱花爆香，再放入炸好的白虾和所有调味料，翻炒均匀即可。

蒜片椒麻虾

材料o

蒜仁6粒、花椒2克、白刺虾150克、葱花少许

调味料o

盐1小匙、七味粉1大匙、白胡椒粉1小匙

做法o

1. 白刺虾洗净剪除长须，放入油锅中炸熟，捞起沥干备用。
2. 蒜仁洗净切片，放入油锅中炸至金黄色， 捞起沥干备用。
3. 锅中留少许油，放入花椒爆香，再放入白刺虾、蒜片及所有调味料拌炒均匀，最后撒上葱花即可。

奶油草虾

材料o

草虾200克、洋葱15克、蒜仁10克

调味料o

奶油2大匙、盐1/4小匙

做法o

1. 把草虾洗净，剪掉长须、尖刺及脚后，挑去肠泥，用剪刀从虾背剪开（深约至1/3处），沥干水分备用。
2. 洋葱及蒜仁洗净切碎，备用。
3. 取一油锅，热油温至约180℃，将草虾下油锅炸约30秒至表皮酥脆，即可起锅沥油。
4. 另起一炒锅，热锅后加入奶油，以小火爆香洋葱末、蒜末，再加入草虾与盐，以大火快速翻炒均匀即可。

菠萝虾球

材料o

菠萝片100克、虾仁350克、红薯粉2大匙、美乃滋1大匙

腌料o

盐2克、米酒1/2大匙、蛋清1/2个、淀粉1小匙

做法o

1. 虾仁去除肠泥后洗净沥干，加入所有腌料腌约10分钟。
2. 虾仁均匀沾上薄薄一层红薯粉备用。
3. 热锅，倒入稍多的油，待油温热至160℃，放入虾仁炸至表面金黄且熟，取出沥油备用。
4. 取盘摆上切小块的菠萝片，再放上虾仁，最后挤上美乃滋即可。

Tips.料理小秘诀

喜欢口味稍甜的，可以使用罐头菠萝片，而喜欢口感自然酸甜的，建议使用新鲜菠萝。

糖醋虾

材料o

草虾6只、青椒块30克、红甜椒块30克、黄甜椒块30克、洋葱块 20克、淀粉60克

调味料o

番茄酱120克、糖10克、乌醋20毫升、柠檬汁10毫升、草莓果酱20克、盐3克、水淀粉1大匙

做法o

1. 草虾洗净去壳，留头留尾，沾上一层薄薄的淀粉备用。
2. 取锅，加入300毫升色拉油烧热至180℃，放入草虾炸至外观成酥脆状，捞起沥油备用。
3. 另取炒锅烧热，加入25毫升色拉油后，放入青椒块、红甜椒块、黄甜椒块和洋葱块翻炒，加入20毫升水、所有调味料（水淀粉先不加入）和炸过的草虾翻炒至入味。
4. 最后加入水淀粉勾芡即可盛盘。

油爆大虾

材料o

大草虾250克、姜10克、红辣椒10克

调味料o

盐1小匙、糖1/2小匙、米酒1大匙、香油1小匙、白胡椒粉1/2小匙

做法o

1. 大草虾剪去须、脚，背部剖开但不切断，洗净备用。
2. 葱洗净切段；姜洗净切片；红辣椒洗净切片，备用。
3. 热锅倒入适量油，放入葱段、姜片及红辣椒片爆香。
4. 加入大草虾、50毫升水及所有调味料拌炒均匀，再盖上锅盖稍焖至熟即可。

宫保虾仁

材料o

虾仁250克、葱段适量、蒜片4片、干辣椒片20克

调味料o

淡酱油1小匙、米酒1大匙、白胡椒粉1/2小匙、香油1小匙、花椒5克

腌料o

盐1/2小匙、米酒1大匙、淀粉1大匙

做法o

1. 虾仁去肠泥，洗净后加入腌料抓匀，腌渍约10分钟后，放入油温为120℃的油锅中炸熟，备用。
2. 热锅，加入适量色拉油，放入葱段、蒜片、干辣椒片炒香，再加入虾仁与所有调味料拌炒均匀即可。

滑蛋虾仁

材料o

鸡蛋5个、虾仁300克、葱末20克、淀粉1小匙

腌料o

盐1/2小匙、米酒1小匙、淀粉1小匙

调味料o

盐1/4小匙、鸡粉1/4小匙、米酒1小匙

做法o

1. 虾仁去除肠泥后洗净、沥干，加入所有腌料腌约10分钟，放入沸水中汆烫去腥，捞出备用。
2. 鸡蛋打散，加水与淀粉混匀，加入虾仁、葱末和所有调味料拌匀。
3. 热锅，放入2大匙油，倒入做法2的蛋液炒匀即可。

Tips.料理小秘诀

蛋液入锅后，最好立刻将上层未直接接触锅面的蛋液拌开，以免出现底部已经煎熟、上层还是生的状况，这样一盘蛋的口感就会不够均匀。

甜豆荚炒三鲜

材料o

A 虾仁70克、泡发鱿鱼片70克、墨鱼片80克
B 甜豆荚120克、玉米笋片40克、胡萝卜片20克
C 葱段15克、洋葱丝20克、红辣椒片10克、姜末10克、蒜末10克

调味料o

盐1/4小匙、糖1/4小匙、米酒1大匙、淡酱油1小匙、乌醋1小匙

做法o

1. 热锅，放入2大匙色拉油，加入所有材料C爆香，再放入材料B拌炒均匀。
2. 于锅中加入材料A、少许水和所有调味料炒至均匀入味即可。

腰果虾仁

材料o

腰果50克、虾仁200克、青椒40克、黄甜椒40克、蒜末10克

调味料o

酱油1/2小匙、盐1/4小匙、糖1小匙、白醋1/2小匙、淀粉1/2小匙

腌料o

淀粉1小匙、盐1/4小匙、米酒1小匙、蛋清1/2大匙

做法o

1. 虾仁去肠泥，洗净，沥干后，放入腌料腌约10分钟，放入油锅中过油捞出、沥油备用。
2. 青椒、黄甜椒洗净切片备用。
3. 1/2大匙水与所有调味料拌匀备用。
4. 热一锅，放入油、蒜末爆香后，放入青椒片、黄甜椒片略炒后，加入虾仁，淋入做法3的调味料拌炒入味，再放入腰果拌炒一下即可。

Tips.料理小秘诀

挑选腰果时，以整齐均匀、色白饱满、味香身干、含油量高者为上品，保存得宜者可放1年左右。

甜豆荚炒虾仁

材料o

甜豆荚200克、虾仁150克、鲜香菇2朵、蒜片10克、葱段10克、黄甜椒条30克、红甜椒条15克

腌料o

盐1/4小匙、米酒1小匙、淀粉1小匙

调味料o

盐1/4小匙、鸡粉1/4小匙

做法o

1. 虾仁洗净，加入所有腌料腌约10分钟，放入沸水中汆烫至变色，捞起沥干备用。
2. 鲜香菇洗净去蒂切片；甜豆荚洗净去粗筋，放入沸水中汆烫一下，备用。
3. 热锅，放入2大匙油，放入蒜片、葱段爆香，再放入鲜香菇炒香。
4. 加入黄甜椒条、红甜椒条、甜豆夹及50毫升水炒约1分钟，再放入虾仁及所有调味料炒匀即可。

豆苗虾仁

材料o

大豆苗400克、虾仁200克、蒜末1大匙、红辣椒2个

调味料o

盐1小匙、鸡粉2小匙、米酒1大匙、香油适量

做法o

1. 大豆苗洗净，摘成约6厘米长的段状，放入沸水中汆烫至软；红辣椒洗净切片，备用。
2. 虾仁洗净去肠泥，放入沸水中汆烫至熟透后捞出备用。
3. 热锅，倒入适量油，放入蒜末、红辣椒片爆香。
4. 加入100毫升水、所有调味料与大豆苗、虾仁，以大火快炒均匀即可。

白果芦笋虾仁

材料o

白果65克、芦笋200克、虾仁150克、蒜片10克、红辣椒片10克

调味料o

盐1/4小匙、糖少许、鸡粉1/4小匙、香油少许

做法o

1. 虾仁洗净放入沸水中烫熟，沥干备用。
2. 芦笋洗净切段，放入沸水中汆烫一下即捞起，浸泡在冰开水中；白果洗净后放入沸水中汆烫一下，沥干备用。
3. 热锅，倒入适量油，放入蒜片、红辣椒片爆香，再放虾仁炒匀。
4. 加入芦笋段、白果及所有调味料炒至入味即可。

Tips.**料理小秘诀**

芦笋烫过后泡在冰开水中，可以防止其颜色快速变黄，也可以让口感更清脆。

丝瓜炒虾仁

材料o

丝瓜250克、虾仁200克、葱1根、姜20克、橄榄油1小匙

腌料o

米酒1小匙、白胡椒粉1/2小匙、淀粉1/2小匙

调味料o

盐1/2小匙

做法o

1. 虾仁洗净，加入腌料拌匀放置10分钟；丝瓜洗净去籽切条；青葱切段；姜洗净切细丝备用。
2. 将虾仁汆烫至变红后，捞起沥干备用。
3. 取锅放油后，爆香葱段、姜丝。
4. 放入丝瓜条拌炒后，加入1/4杯水焖煮至软化。
5. 放入虾仁拌炒，最后加入调味料拌匀即可。

蒜味鲜虾

材料o

蒜末20克、白虾6只、香菜末10克

调味料o

盐1/2小匙、白胡椒粉1/4小匙

做法o

1. 西红柿洗净，去籽切小丁备用。
2. 取炒锅烧热，加入适量色拉油，将白虾煎至外观变红色。
3. 续加入蒜末拌匀，加入西红柿丁翻炒，再加入盐和白胡椒粉略翻炒后，放入香菜末即可。

Tips.料理小秘诀

用热锅凉油来煎虾，不容易粘锅。

西红柿柠檬鲜虾

材料○

泰国虾300克、香菜适量

腌料○

西红柿末2大匙、柠檬汁1大匙、盐1/4小匙、橄榄油1小匙、蒜末1/4小匙、香菜末1/4小匙、黑胡椒末1/4小匙

做法○

1. 将全部的腌料混合均匀成西红柿柠檬腌酱备用。
2. 将泰国虾的背部划开，但不切断，然后洗净。
3. 将泰国虾加入西红柿柠檬腌酱中，腌约10分钟备用。
4. 热锅，倒入少许油，放入泰国虾及西红柿柠檬腌酱以大火炒至虾熟透。
5. 将泰国虾盛盘，再撒上香菜即可。

锅巴虾仁

材料o

虾仁50克、锅巴8片、猪肉片30克、竹笋片20克、胡萝卜片10克、甜豆荚40克、葱段20克、蒜末10克

调味料o

番茄酱3大匙、高汤200毫升、盐1/4小匙、糖1大匙、香油1小匙、水淀粉2大匙

做法o

1. 将猪肉片、虾仁及竹笋片洗净，放入滚水中汆烫至熟，捞出沥干水分，备用。
2. 热一炒锅，加入2大匙色拉油，以小火爆香葱段、蒜末，接着加入虾仁、猪肉片、竹笋片及甜豆荚、胡萝卜片炒香，再加入高汤、番茄酱、盐及糖煮匀。
3. 待煮滚，续以小火煮约30秒钟，接着以水淀粉勾芡，再淋上香油即可装碗，备用。
4. 热一锅，加入约500毫升色拉油，加热至约160℃时转小火，将锅巴放入锅中炸至酥脆，捞起放至盘中。
5. 将做法3的材料淋至锅巴上即可。

沙茶虾松

材料o

虾仁300克、荸荠100克、油条30克、生菜80克、葱末适量、姜末20克、芹菜末10克

调味料o

沙茶酱1大匙

腌料o

盐1小匙、白胡椒粉1/2小匙、米酒1大匙、蛋清3个、香油1小匙、淀粉1大匙

做法o

1. 虾仁洗净切小丁，加入腌料抓匀，腌渍约5分钟后，入油锅过油，再捞起备用。
2. 荸荠洗净去皮，切碎，压干水分，备用。
3. 热锅，加入适量色拉油，放入葱末、姜末、芹菜末炒香，再加入虾丁、荸荠碎与沙茶酱拌炒均匀，即为虾松。
4. 油条切碎，过油；生菜洗净，修剪成圆形片，备用。
5. 将生菜铺上油条碎，装入炒好的虾松即可。

酱爆虾

材料o

白虾300克、蒜末10克、红辣椒片15克、洋葱丝30克、葱段30克

调味料o

酱油1大匙、辣豆瓣酱1大匙、糖少许、米酒1大匙

做法o

1. 白虾洗净，剪去须和头尖；热锅，加入2大匙色拉油，放入白虾煎香后取出；葱段洗净后分成葱白和葱绿，备用。
2. 原锅中放入蒜末、红辣椒片、洋葱丝和葱白爆香，再放入白虾和调味料，拌炒均匀后再加入葱绿炒匀即可。

Tips.料理小秘诀

将熟的虾先煎过会较香，所以只要在最后稍微拌炒一下，就可以起锅了，如果炒太久容易让虾太熟而不美味。

炸虾

材料o

A 草虾10只
B 低筋面粉1/2杯、玉米粉1/2杯

调味料o

鲣鱼酱油1大匙、味醂1小匙、高汤1大匙、萝卜泥1大匙

做法o

1. 将草虾头及壳剥除，保留尾部，洗净备用。
2. 将材料B调成粉浆备用；调味料调匀成蘸汁。
3. 将草虾腹部横划几刀，深至虾身的一半，不要切断，将虾摊直，并用手指将虾身挤压成长条后，再将草虾表面沾上一些干的低筋面粉备用。
4. 热一锅，放入适量油，待油温烧热至约160℃时转小火，并用手捞一些粉浆淋入油锅中，让粉浆在锅中形成小颗的脆面粒。
5. 使用长筷子把浮在油锅表面的脆面粒集中在油锅边，转中火，为避免脆面粒过焦，须迅速地将草虾沾裹上粉浆后，放入锅中脆面粒的集中处炸，使草虾沾上脆面粒；待炸约半分钟至表皮呈金黄酥脆状时，再捞起沥干油分，装盘佐以蘸汁食用即可。

椒盐溪虾

材料o

溪虾120克、葱2根、红辣椒2个、蒜仁15克

调味料o

白胡椒盐1小匙、七彩胡椒粒1/4小匙

做法o

1. 把溪虾洗净，沥干水分，备用。
2. 葱洗净切花；红辣椒、蒜仁洗净切碎，备用。
3. 将溪虾放入油温约180℃的油锅中，炸约30秒至表皮酥脆即可起锅沥油。
4. 另起一炒锅，热锅后加入少许色拉油，以小火爆香葱花、蒜末、红辣椒末，再加入溪虾，撒上白胡椒盐与磨好的七彩胡椒粒，以大火快速翻炒均匀即可。

粉丝炸白虾

材料o

粉丝1把、白虾10只、鸡蛋液1个、面粉50克

调味料o

盐1/2小匙、白胡椒粉1/4小匙量

做法o

1. 将白虾洗净去壳和肠泥，在白虾腹部划数刀，以防止卷曲。
2. 粉丝用剪刀剪成约0.3厘米长备用。
3. 在虾肉上撒上盐和白胡椒粉，再依序沾上面粉、鸡蛋液和粉丝段备用。
4. 取锅，加入色拉油烧热至180℃，放入白虾炸约6分钟至外观呈金黄色，捞起沥油即可。

杏片虾球

材料o

杏仁片100克、新鲜虾仁300克、肥绞肉泥30克、荸荠4粒、葱1根、姜末1/2小匙、蛋清1/3个、香菜根6克

调味料o

盐1/2小匙、糖1/2小匙、米酒1小匙、香油1小匙、白胡椒粉少许

做法o

1. 虾仁去肠泥洗净，用餐巾纸完全吸干水分，以刀背拍碎后再剁成泥；荸荠洗净去皮，放入沸水中汆烫后切碎；葱、香菜根洗净切末，备用。
2. 将虾泥加入肥绞肉泥。
3. 再加入盐、蛋清拌匀，摔打至有黏稠感后，加入剩余调味料、荸荠碎、葱末、香菜根末及姜末拌匀。
4. 将虾泥捏成大小适中的丸子。
5. 杏仁片平铺盘中，将虾丸均匀地沾裹上杏仁片，并稍微压紧。
6. 热一锅，倒入约半锅油，烧热至约130℃时转小火，将杏片虾球入锅中炸至呈金黄色后，转大火稍炸一下，再捞起沥油即可。

香辣樱花虾

材料o

樱花虾干35克、芹菜110克、红辣椒2个、蒜仁20克

调味料o

酱油1大匙、糖1小匙、鸡粉1/2小匙、米酒1大匙、香油1小匙

做法o

1. 芹菜洗净后切小段；红辣椒及蒜仁洗净切碎，备用。
2. 起一炒锅，热锅后加入2大匙色拉油，以小火爆香红辣椒末及蒜末后，加入樱花虾干，续以小火炒香。
3. 在锅中加入酱油、糖、鸡粉及米酒，转中火炒至略干后，加入芹菜段翻炒约10秒至芹菜略软，最后洒上香油即可。

三杯花蟹

材料o

花蟹（约250克）2只、老姜片50克、蒜仁60克、红辣椒段30克、葱段50克、罗勒叶20克

调味料o

胡麻油25毫升、米酒30毫升、酱油膏25克、酱油15毫升、乌醋15毫升、白胡椒粉5克

做法o

1. 花蟹洗净切去尖脚，剥去外壳，洗净蟹钳的部分用刀板略拍，蟹壳内沾上淀粉。
2. 热锅，加入色拉油，放入花蟹，炸至外观呈金黄色，捞起沥油备用。
3. 另取炒锅烧热，加入胡麻油，放入老姜片、蒜仁、红辣椒段和葱段炒香。
4. 续加入米酒、酱油膏、50毫升水、酱油、乌醋和白胡椒粉煮滚后，再将炸过的花蟹放入锅中，煮至水分快收干时，加入罗勒叶略翻炒即可。

芙蓉炒蟹

材料o

花蟹1只（约240克）、洋葱1/2个、葱2根、姜10克、鸡蛋1个

调味料o

A 淀粉2大匙
B 盐1/4小匙、鸡粉1/4小匙、糖1/6小匙、料酒1大匙
C 水淀粉1小匙

做法o

1. 花蟹洗净去鳃后切小块；葱洗净切小段，洋葱及姜洗净切丝；鸡蛋打成蛋液，备用。
2. 取一油锅，热油温至约180℃，在花蟹块上撒一些干淀粉，不需全部沾满；下油锅炸约2分钟至表面酥脆即可起锅沥油。
3. 另起一锅，热锅后加入少许色拉油，以小火爆香葱段、洋葱丝、姜丝，再加入花蟹块、200毫升水与所有调味料B，以中火翻炒约1分钟后用水淀粉勾芡，再淋上蛋液略翻炒即可。

避风塘炒蟹

材料o

花蟹1只（约220克）、蒜仁100克、红葱头30克、红辣椒1个

调味料o

A 淀粉2大匙
B 盐1/2小匙、鸡粉1/2小匙、糖1/4小匙、料酒1大匙、红甜椒片适量

做法o

1. 花蟹洗净切小块；蒜仁、红葱头、红辣椒洗净切细末，备用。
2. 将蒜末及红葱头末放入油温约120℃的锅中，以中火慢炸约5分钟至略呈金黄色时，把花蟹块撒上一些干淀粉（无需全部沾满），一起下油锅炸约2分钟至表面酥脆，即可与蒜末一起捞出沥干油分。
3. 将油锅倒出油，不用洗锅，开火后加入红辣椒末略炒过，再加入花蟹块与蒜末，再加入所有调味料B，以中火翻炒至水分收干且蟹干香即可。

咖喱炒蟹

材料o

花蟹2只（约250克）、蒜末30克、洋葱丝100克、葱段80克、红辣椒丝30克、芹菜段120克、鸡蛋1个、淀粉60克

调味料o

咖喱粉30克、酱油20毫升、蚝油50毫升、市售高汤200毫升、白胡椒粉适量

做法o

1. 花蟹洗净，切好，在蟹钳的部分拍上适量淀粉。
2. 热锅加入500毫升色拉油，以中火将花蟹炸至8分熟，外观呈金黄色，捞起沥油。
3. 取炒锅烧热，加入25毫升色拉油，放入蒜末、洋葱丝、葱段、红辣椒丝和芹菜段爆香。
4. 加入咖喱粉、酱油、蚝油、市售高汤和白胡椒粉，再放入花蟹炒匀，并以小火焖烧至高汤快干。
5. 加入打散的鸡蛋液，以小火收干汤汁即可。

洋葱蚝油花蟹

材料o

洋葱丝100克、花蟹2只（约250克）、蒜末30克、红辣椒段30克

调味料o

蚝油80毫升、米酒20毫升、高汤100毫升、香油10毫升

做法o

1. 花蟹处理干净，切块后放入滚水中略汆烫备用。
2. 取炒锅烧热，加入色拉油，放入蒜末、洋葱丝和红辣椒段以大火快炒，再加入蚝油、米酒、高汤和花蟹块快炒均匀，起锅前淋入香油即可。

胡椒蟹腿

材料o

蟹腿340克

调味料o

盐1/4小匙、鸡粉1/2小匙、蒜香粉1/2小匙、洋葱粉1/4小匙、三奈粉1/4小匙、百草粉1/6小匙、白胡椒粉1大匙、米酒2大匙

做法o

1. 把蟹腿洗净，用刀背将蟹腿壳拍裂，放入小砂锅中。
2. 将100毫升水和所有调味料加入小砂锅中，转中火煮至滚沸，待滚后不时翻动，续煮约3分钟，并加快翻动速度以防锅底烧焦。
3. 将锅中的材料再持续翻动约5分钟，至汤汁完全收干即可。

辣椒油炒蟹腿

材料o

蟹腿300克、葱段10克、辣椒片15克、蒜片5克、罗勒10克

调味料o

辣椒油1大匙、酱油膏1大匙、沙茶酱1大匙、糖1小匙、米酒1大匙

做法o

1. 蟹腿洗净、拍破壳，放入滚水中汆烫，备用。
2. 热锅，加入适量色拉油，放入葱段、蒜片、红辣椒片炒香，再加入蟹腿及所有调味料拌炒均匀，起锅前加入洗净的罗勒快炒均匀即可。

鲜菇炒蟹肉

材料o

鲜香菇60克、蟹腿肉100克、洋葱50克、红辣椒1个、青椒1个、姜10克、橄榄油1小匙

调味料o

米酒1大匙、酱油1小匙、糖1/4小匙、盐1/4小匙

做法o

1. 蟹腿肉洗净；鲜香菇洗净切片；洋葱洗净切片；红辣椒洗净去籽切条；青椒洗净切小段；姜洗净切片。
2. 将一锅水煮滚后加1/2小匙米酒（调味料分量之外），接着放入蟹腿肉烫熟，捞起冲冷水沥干备用。
3. 热一不粘锅，放入橄榄油后，爆香姜片、洋葱片。
4. 续放入鲜香菇片炒香后，加入蟹腿肉、红辣椒段、青椒段略炒，再加入1大匙水和所有调味料拌炒均匀即可。

泡菜炒蟹腿

材料o

韩式泡菜200克、蟹腿350克、洋葱1/2个、红辣椒1个、蒜仁2粒、葱1根、新鲜罗勒2根

调味料o

香油1小匙、盐1/2小匙、白胡椒粉1/4小匙

做法o

1. 蟹腿洗净，用刀拍打过备用。
2. 洋葱洗净切丝；红辣椒和蒜仁洗净切片；葱洗净切段；新鲜罗勒洗净备用。
3. 取锅，加入少许油烧热，放入做法2的材料（新鲜罗勒先不放入）爆香，再放入蟹腿、韩式泡菜翻炒均匀，加入调味料快炒，起锅前加入罗勒即可。

Tips.料理小秘诀

用韩式泡菜、适量的泡菜汁和蟹腿一同翻炒，可有效盖过冷冻蟹腿的腥味。

酱爆蟹腿肉

材料o

蟹腿肉1盒（约300克）、青椒片50克、红辣椒片20克、葱段20克、姜片10克、蒜片10克

调味料o

甜面酱1大匙、酱油1小匙、糖1小匙、米酒1小匙、淀粉1/2小匙

做法o

1. 取一锅装水煮滚，将解冻的蟹腿肉放入滚水中汆烫，并用筷子微微拨开黏连在一起的蟹腿肉，水滚后捞起沥干，备用。
2. 取一小碗，放入甜面酱、糖、酱油搅拌均匀，再放入米酒和2大匙水拌匀，再放入淀粉拌匀，备用。
3. 另取锅，倒入适量色拉油烧热；并将蟹腿肉放在漏勺上，均匀撒上淀粉（分量外）；重复撒粉动作2次，待油温热至110℃，放入裹好薄粉的蟹腿肉，炸至表面呈酥脆状。
4. 续将装有蟹腿肉的油锅倒至放有青椒片的漏勺上，以高油温将青椒片焓熟。
5. 锅中留下少许油，放入葱段、姜片、蒜片、红辣椒片，以小火略拌炒后，放入青椒片和蟹腿肉，转大火，一边翻炒一边淋上做法2的调味酱，最后再淋上少许香油（材料外）即可。

夏威夷鲜笋炒蟹腿肉

材料o

芦笋200克、蟹腿肉120克、黄甜椒50克、蒜仁2粒、红辣椒1个、夏威夷果80克、橄榄油1小匙

调味料o

米酒1大匙、酱油1大匙、糖1/4小匙、盐1/4小匙

做法o

1. 芦笋洗净切段；黄甜椒洗净切片；蒜仁和红辣椒洗净切片备用。
2. 煮一锅水，将芦笋汆烫至8分熟后，捞起冲冷水沥干备用。续于滚水中加入1/2小匙米酒（分量外），放入蟹腿肉烫熟，捞起冲冷水沥干备用。
3. 热一不粘锅，放入橄榄油后爆香蒜片、红辣椒片。
4. 续将2大匙水和所有调味料下锅煮滚，放入黄甜椒片、芦笋段、蟹腿肉拌炒，起锅前加入夏威夷果拌匀即可。

月亮虾饼

材料

虾仁300克、春卷皮4张、姜末30克、蒜末30克、蛋清1个、猪油1大匙、淀粉3大匙

调味料

鱼露2小匙、糖2小匙、鸡粉1小匙、泰式梅酱1大匙

泰式梅酱

材料：

腌渍梅子（市售罐装）10颗、辣椒粉1小匙、番茄酱1大匙、鱼露1小匙、糖1大匙、水淀粉少许

做法：

（1）将梅子取出核，剁成泥状备用。

（2）将200毫升水倒入炒锅中加热煮沸，再加入梅肉、辣椒粉、番茄酱、鱼露、糖，煮滚后用水淀粉勾芡即可。

做法

1. 虾仁洗净剁成泥状放入碗中（如图1），加进姜末、蒜末（如图2）、蛋清、猪油、鱼露（如图3）、糖、鸡粉与1大匙淀粉，用手捏和摔打，至虾泥呈稠状（如图4），分成2团备用。
2. 取1张春卷皮摊开，抹上一团虾泥。用菜刀沾上少许色拉油，将虾泥拍打成平整状（如图5），再撒上一些淀粉。
3. 取另1张春卷皮，盖上做法2的虾泥，再用菜刀拍平，并以菜刀尾端在青卷皮正反面刺出数个小洞（防止油炸时发涨变形），即成虾饼皮。
4. 取一锅，倒入适量油，以中火将油温烧至170℃，放入虾饼皮（如图6），以中火炸约2分钟，至饼皮呈金黄色捞出，将油沥干，切成三角状，蘸泰式梅酱食用即可。

1

2

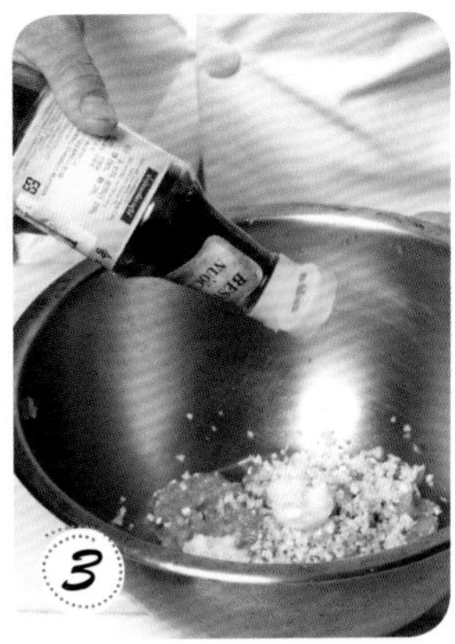
3

4

5

6

海鲜煎饼

材料o

墨鱼40克、虾仁40克、牡蛎40克、中筋面粉100克、玉米粉30克、葱段15克、韭菜段20克、泡菜段120克

调味料o

盐1小匙、糖1/4小匙、鸡粉1/4小匙

做法o

1. 墨鱼洗净切片；虾仁洗净去肠泥；牡蛎洗净沥干，备用。
2. 中筋面粉、玉米粉过筛，再加入150毫升水一起搅拌均匀成糊状，静置约40分钟，再加入所有调味料及葱段、韭菜段、泡菜段、做法1的材料混合拌匀，即为韩式海鲜面糊，备用。
3. 取一平底锅加热，倒入适量色拉油，再加入韩式海鲜面糊，用小火煎至两面皆金黄熟透即可。

Tips.**料理小秘诀**

泡菜带有水分，加入面糊前要先挤去汁液，这样加入已调匀的面糊中时，才不会影响面糊的浓稠度，也可以避免水分太多稀释面糊，使其在煎制过程中不容易成型。

金钱虾饼

材料o

虾仁200克、肥膘50克、竹笋50克、香菜叶适量、淀粉1大匙、蛋清1个

调味料o

淀粉1.5小匙、盐1/2小匙、香油1/4小匙、白胡椒粉1/4小匙

做法o

1. 虾仁去泥肠，用少许盐（分量外）搓揉，再用水冲洗干净，并用厨房纸巾吸干水分，备用。
2. 肥膘洗净切小丁；竹笋洗净切小丁，氽烫约10分钟捞起，过凉水后沥干，备用。
3. 用刀背将虾仁拍成泥，并摔打约10下，再加入做法2的材料及所有调味料，搅拌均匀后再摔打4次。
4. 将虾泥做成直径约10厘米的圆形泥饼，上面贴1片香菜叶装饰，再沾少许淀粉，并沾上蛋清，即为金钱虾饼，备用。
5. 加热平底锅，倒入适量色拉油，放入金钱虾饼，以小火将两面各煎约3分钟，至金黄熟透即可。

绍兴醉虾

材料o

鲜虾300克、川芎5克、人参须5克、枸杞子5克、姜片5克、葱段10克、米酒1大匙

调味料o

绍兴酒200毫升、盐1/2小匙

做法o

1. 将鲜虾剪去须、头尖，挑去肠泥后洗净。
2. 煮一锅水（分量外）至滚，放入姜片、葱段和适量米酒（如图1），放入鲜虾汆烫（如图2）。
3. 鲜虾变红色后即转小火，略烫后捞起（如图3）。
4. 将鲜虾放入冰水中冰镇至完全冷却，取出沥干水分。
5. 取一锅，加入川芎、人参须、枸杞子和400毫升水煮约5分钟（如图4），再加入调味料煮至滚沸后熄火待凉。
6. 取一保鲜盒，先将鲜虾放入，再倒入做法5的汤汁（如图5）。
7. 盖紧保鲜盒盖，移入冰箱冷藏约1天，待虾浸泡至入味即可。

Tips.料理小秘诀

汆烫鲜虾时，可以在水中加入少许盐，如此煮出来的鲜虾肉质会较鲜甜美味。汆烫时，记得在鲜虾开始变红之后就转成小火将其焖熟，如果一直用大火煮，肉质容易因为煮得过硬而变得不好吃。

1

2

3

4

5

白灼虾

材料o

活虾300克、葱丝20克、姜丝10克、红辣椒丝10克

调味料

酱油1小匙、盐1/4小匙、鸡粉1/4小匙、鱼露1/2小匙、香油1/2小匙、白胡椒粉少许

做法o

1. 将2大匙冷开水和所有调味料混合拌匀，再加入葱丝、姜丝、红辣椒丝成蘸料。
2. 煮一锅约1000毫升的开水，放入1/2小匙盐、适量葱段、姜片和少许油，以大火煮至滚。
3. 将活虾洗净放入锅内，煮至虾弯曲且虾肉紧实即可捞出盛盘，再搭配做法1的蘸料食用即可。

Tips.料理小秘诀

把虾烫熟其实也有诀窍，可在水里先放入盐、葱段、姜片和少许油，煮滚后再烫虾，这样虾肉会更有味道。

胡麻油米酒虾

材料o

白刺虾150克、当归1片、山药2片、枸杞子4克、姜5克

调味料o

酱油1小匙、米酒300毫升、胡麻油2大匙

做法o

1. 姜洗净切片；当归、山药、枸杞子稍微洗净；白刺虾剪除长须、脚后洗净，备用。
2. 热锅倒入胡麻油，放入姜片炒香。
3. 加入白刺虾、当归、山药、枸杞子、100毫升水及其余调味料炒熟即可。

香葱鲜虾

材料o

香葱米酒酱3大匙、
草虾15只

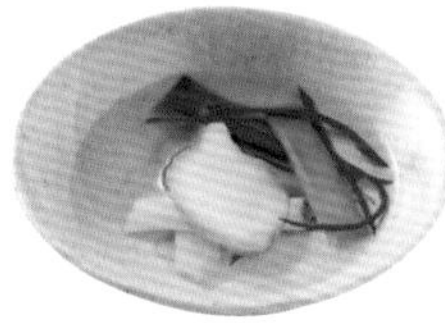

做法o

1. 将草虾剪去头尖、须，洗净后再将肠泥挑除，放入滚水中汆烫捞起备用。
2. 将草虾加入香葱米酒酱搅拌均匀。
3. 泡约20分钟即可。

香葱米酒酱

材料：

米酒100毫升、盐1小匙、白胡椒粉1/2小匙、姜5克、红辣椒1个、葱1根

做法：

（1）将姜洗净切片，红辣椒洗净切丝，葱洗净切段备用。
（2）将做法1的材料和其余材料混合均匀即可。

酒酿香甜虾

材料o

鲜虾300克、葱花30克、姜末30克

调味料o

酒酿2大匙、米酒1大匙、盐1/2小匙

做法o

1. 鲜虾洗净挑去肠泥，剪去须及脚、尾刺。
2. 热锅，放入葱花、姜末炒香，加入300毫升水、所有调味料及鲜虾以小火煮至虾身变红即可。

Tips.料理小秘诀

天气冷时很多人会吃酒酿补身，而酒酿中的酒味和虾的味道很搭配，不用太多调味，做法超简单又滋补。

酸辣虾

材料o

白刺虾200克、泰国红辣椒3个、青椒2个、蒜仁10克

调味料o

柠檬汁2大匙、白醋1大匙、鱼露1大匙、糖1/4小匙

做法o

1. 将泰国红辣椒、青椒及蒜仁分别洗净剁碎；白刺虾洗净沥干，备用。
2. 热锅，加入少许色拉油，将白刺虾加入锅中，两面略煎过后，盛出备用。
3. 另起一锅，热锅后加入少许色拉油，加入泰国红辣椒末、青椒末、蒜末略为炒过，再加入白刺虾、2大匙水及所有调味料，转中火烧至汤汁收干即可。

酸辣柠檬虾

材料o

白甜虾200克、红辣椒3个、青椒2个、蒜仁10克

调味料o

柠檬汁2大匙、白醋1大匙、鱼露1大匙、糖1/4小匙

做法o

1. 将红辣椒、青椒及蒜仁分别洗净剁碎；白甜虾洗净，沥干水分，备用。
2. 热一锅，加入少许色拉油，先将白甜虾倒入锅中，两面略煎过，盛出备用。
3. 另热一锅，加入少许色拉油，放入红辣椒碎、青椒碎、蒜末略炒。
4. 加入白甜虾、2大匙水及所有调味料，以中火烧至汤汁收干即可。

Tips.料理小秘诀

柠檬汁最常与海鲜类食材一起搭配入菜，有了天然果酸的提味，能让海鲜的风味提升、口感鲜甜，又能去腥，真是一举数得。

泰式酸辣海鲜

材料o

白虾10只、鲷鱼肉50克、鱿鱼肉80克、西红柿80克、青椒40克、洋葱60克、蒜片20克、柠檬汁2大匙、罗勒叶10克

调味料o

泰式酸辣汤酱2大匙、糖1小匙

做法o

1. 西红柿、青椒、洋葱洗净后，切小块，备用。
2. 热一锅，加入2大匙色拉油，以小火爆香蒜片与做法1的材料，接着加入400毫升水及泰式酸辣汤酱、糖，煮开后续煮约1分钟，再加入白虾、鲷鱼肉、鱿鱼肉，盖上锅盖，转中火煮开。
3. 续煮约2分钟后关火，再放入罗勒叶及柠檬汁拌匀即可。

干烧明虾

材料

明虾6只、葱2根、姜20克、酒酿20克

调味料

辣豆瓣酱1小匙、番茄酱3大匙、白醋1大匙、米酒1大匙、糖1大匙、香油2大匙、水淀粉1小匙

做法

1. 葱洗净切葱花与葱丝；姜洗净切末；明虾洗净剪掉头须和尾刺，以牙签挑去肠泥，备用。
2. 取油锅，倒入适量色拉油，约中低油温时将明虾放入锅中半煎炸，摆好明虾后开大火，看到虾壳边缘呈微红色时，就可以翻面再煎。
3. 放入部分葱花、姜末爆香，再放入辣豆瓣酱、番茄酱、白醋、酒酿、米酒、糖及淹至虾一半的水量，干烧到汤汁略收干。
4. 最后放入水淀粉勾芡，加入香油、葱花再拌煮一下，就将明虾夹起装盘，放上葱丝，再淋上汤汁即可。

Tips.料理小秘诀

* 让虾味更香甜的关键，就在酒酿。加入酒酿一起烹煮，能让料理的甜味提升。
* 通常餐厅会将明虾先炸再烹煮，但这里教大家用半煎炸的方式，既用油少，也能先将虾的气味带出来。而这种半煎炸的虾不会立刻定型，所以下锅油煎时要先把虾定型摆好，这样煎起来才会好看。

香油虾

材料

白虾8只、老姜20克、米线120克、枸杞子少许

调味料

香油80毫升、米酒200毫升、糖20克、盐5克

做法

1. 白虾洗净；老姜洗净切片备用。
2. 米线放入滚水中烫熟，捞起盛入碗中。
3. 取炒锅，先放入香油煎香老姜片，再加入白虾和米酒，煮约3分钟，待酒气都散去后，再加入糖和盐煮至滚沸，最后倒入做法2盛面线的碗里，并放上枸杞子装饰即可。

辣咖喱椰浆虾

材料

白虾12只、蒜末10克、罗勒末10克

调味料

红咖喱酱2大匙、椰浆2大匙、盐1/8小匙、糖1/2小匙

做法

1. 白虾洗净，沥干水分，备用。
2. 热一锅，加入少许色拉油，将白虾放入锅中煎香，再加入蒜末炒匀。
3. 在锅中加入50毫升水及红咖喱酱、椰浆、盐、糖，以中火煮约2分钟，再放入罗勒末，煮至汤汁略收干即可。

Tips.料理小秘诀

红咖喱酱属于浓郁的泰式辣酱，风味辣、呛，味道浓烈，只要一点点就能辣翻一道菜，搭配海鲜也很适合，喜爱重口味香辣者一定要试试看。

虾仁杂菜煲

材料o

虾仁250克、大白菜150克、南瓜60克、西红柿40克、黄甜椒20克、葱段20克、白果20克、西蓝花60克

调味料o

盐1小匙、糖1小匙、香油1大匙、高汤500毫升

做法o

1. 大白菜洗净切块；南瓜、西红柿、黄甜椒洗净切条；西蓝花洗净切小朵，备用。
2. 热锅，倒入适量油，放入葱段爆香，加入所有的材料（虾仁除外）炒匀。
3. 加入所有调味料煮沸，加入虾仁再煮沸即可。

Tips.料理小秘诀

虾仁容易煮熟，因此不适合长时间炖煮，以免口感变差，最好等待其他材料炖煮到差不多熟了，再加入虾仁煮熟即可。

鲜虾粉丝煲

材料o

草虾10只、粉丝1把、姜（切片）3克、蒜仁（切片）2粒、洋葱（切丝）1/3个、红辣椒（切片）1/2个、猪肉泥50克、上海青2棵

调味料o

沙茶酱2大匙、白胡椒粉少许、盐少许、面粉10克、糖1小匙、白胡椒粉少许

做法o

1. 草虾洗净；粉丝泡入冷水中软化后沥干，备用。
2. 起一油锅，以中火烧至油温约190℃，将草虾裹上薄面粉后，放入油锅炸至外表呈金黄色时捞出沥油备用。
3. 另起一炒锅，倒入1大匙色拉油烧热，放入姜片、蒜片、洋葱丝、红辣椒片及猪肉泥以中火爆香后，加入400毫升清水、其余调味料、粉丝、草虾和洗净的上海青，以中小火烩煮约8分钟即可。

鲜虾仁羹

材料

虾仁250克、白菜300克、香菇2朵、蒜末10克、红辣椒末10克、姜末10克、竹笋丝100克、水淀粉1大匙

调味料

米酒1大匙、盐1/3小匙、鸡粉1/3小匙、蚝油1/2大匙、乌醋1/2大匙

做法

1. 虾仁处理完毕后，放入油锅中过油，至颜色变红后捞出，沥干油分备用。
2. 白菜洗净切片；香菇泡软切丝备用。
3. 取锅烧热后倒入2大匙油，将蒜末、红辣椒末、姜末入锅爆香，放入白菜片、竹笋丝炒软。
4. 加入虾仁拌炒，再加入米酒，倒入热水350毫升，煮滚后放入其余调味料拌匀。
5. 煮至汤汁滚沸时，以水淀粉勾芡即可。

虾仁羹

材料

虾仁羹肉150克、麻笋50克、黑木耳30克、市售高汤1200毫升、香菜少许、香菇丝30克、水淀粉5大匙

调味料

A 盐1/4小匙、糖1/8小匙

B 蒜酥5克、柴鱼片10克

C 香油1小匙、乌醋1小匙、白胡椒粉1/4小匙

做法

1. 麻笋洗净切丝；黑木耳洗净切丝烫熟。
2. 取一汤锅，倒入适量市售高汤，加入麻笋丝、黑木耳丝、虾仁羹肉及调味料B拌匀煮滚。
3. 待汤汁滚沸后，放入蒜酥、柴鱼片、香菇丝拌匀。
4. 待汤汁再度微滚时转至小火，一边倒入水淀粉一边用汤勺搅拌的方式勾芡成琉璃芡。
5. 放入香油，食用时加入适量白胡椒粉、乌醋提味，再撒上香菜即可。

洋葱鲜虾浓汤

材料o

洋葱3个（约500克）、虾仁10只、法式面包2片、蒜末1/2小匙、面粉1.5大匙、干燥百里香1/4小匙、帕玛森奶酪粉适量、黑胡椒粉适量

调味料o

盐1小匙、鸡粉1/2小匙、糖1小匙

做法o

1. 洋葱洗净切丝，放在烤箱中烤至微黄。
2. 油锅烧热，放入蒜末和洋葱丝炒3分钟，加糖炒至浅棕色，再加入面粉炒匀。
3. 将600毫升水徐徐加入锅中并不断搅拌，加入百里香、盐和鸡粉煮10分钟，再盛入碗内。
4. 法式面包切丁，放入烤箱中烤脆，和烫熟的虾仁放入做法3的碗中，食用时再撒上适量的帕玛森奶酪粉及黑胡椒粉即可。

泰式酸辣汤

材料o

鲜虾12只、洋葱1/2个、口蘑8朵、西红柿1个、香茅3根、冷冻泰国柠檬叶3片、新鲜柠檬汁3大匙、高汤500毫升、柠檬叶少许

调味料o

鱼露1.5大匙、糖2小匙、泰国辣椒膏1大匙

做法o

1. 香茅留根部1/3段洗净拍破，其余2/3段丢弃不用。
2. 取汤锅倒入高汤，放入香茅段和柠檬叶，以小火煮5分钟。
3. 西红柿洗净切块，洋葱、口蘑洗净切小块，和烫熟的鲜虾一起放入锅中，加入所有调味料续煮3分钟。
4. 最后加入柠檬汁即可。

五彩虾冻

材料o

虾仁50克、青椒30克、红甜椒30克、黄甜椒30克、荸荠丁15克、黑木耳丁10克、蒟蒻粉15克

调味料o

盐1/4小匙、糖少许、米酒1小匙

做法o

1. 虾仁洗净汆烫熟。
2. 将青椒、红甜椒、黄甜椒洗净后去蒂和籽，再切成丁状。
3. 将做法2的材料和荸荠丁、黑木耳丁放入滚水中略为汆烫后捞起，泡入冰水中再捞起，沥干备用。
4. 取一锅，加入350毫升水煮滚，再放入蒟蒻粉、调味料，拌煮均匀后熄火。
5. 加入虾仁、做法3的材料，混合拌匀后装入模型中，待凉后放入冰箱冷藏即可。

黑麻油煎花蟹

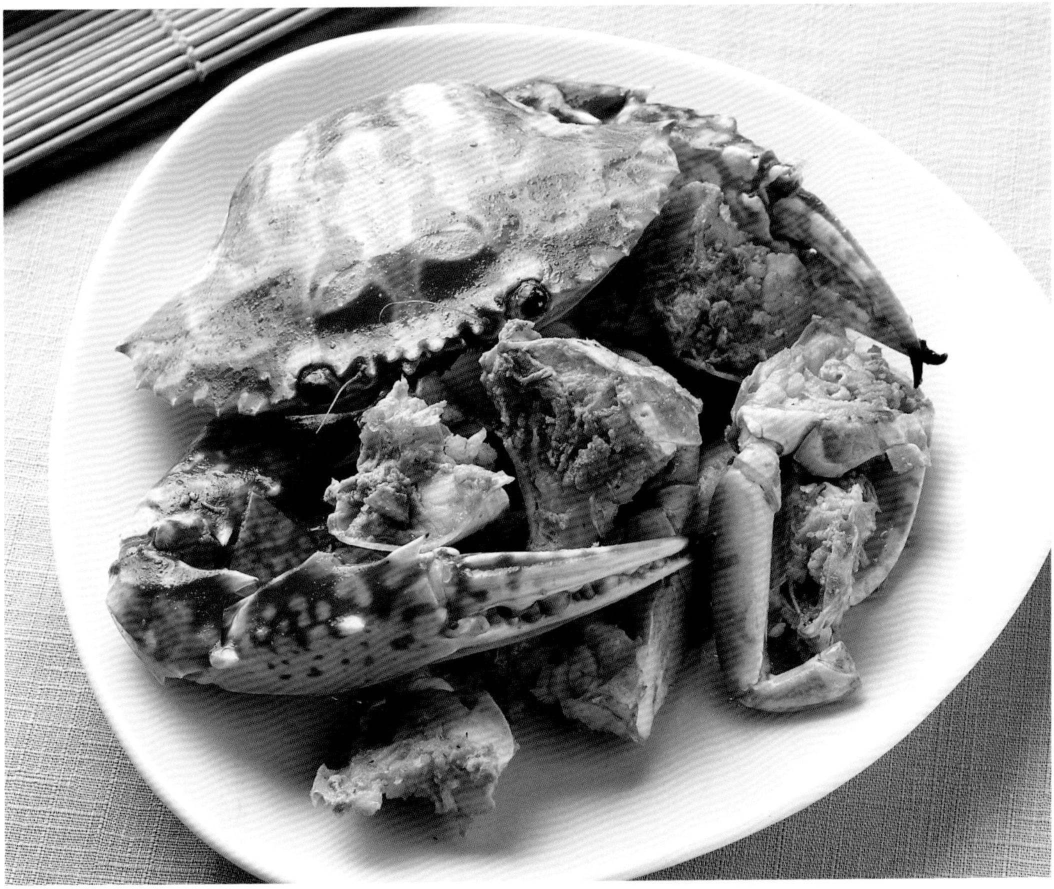

材料o

中型花蟹2只、老姜片50克

调味料o

黑麻油80毫升、米酒100毫升、鸡粉2小匙、糖1/2小匙

做法o

1. 将中型花蟹开壳，去鳃及胃囊后，以清水冲洗干净（如图1），并剪去脚部尾端（如图2），再切成6块备用。
2. 起一炒锅，倒入黑麻油与老姜片，以小火慢慢爆香至老姜片卷曲（如图3）。
3. 加入花蟹块（如图4），煎至上色后，续加入米酒、300毫升水、鸡粉、糖（如图5），盖上锅盖以中火煮约2分钟后开盖，再以大火把剩余的水分煮至收干即可。

蟹肉烩芥菜

材料o

蟹腿肉1盒、芥菜心1个、姜片2片、葱姜酒水适量（适量葱、姜、米酒一起煮沸）、市售高汤1000毫升

调味料o

A 盐1/2小匙、鸡粉1/2小匙、米酒1小匙、白胡椒粉少许

B 香油少许、高汤1250毫升、水淀粉适量

做法o

1. 芥菜心洗净切段，放入沸水中稍微汆烫一下，再放入1000毫升高汤中煮软，取出芥菜心段用。
2. 蟹腿肉洗净，放入煮沸的葱姜酒水中汆烫去腥后，捞出备用。
3. 热一锅，放入1小匙油，将姜片切丝后放入锅中爆香，再加入米酒、250毫升高汤煮至沸腾，放入蟹腿肉、芥菜心段。
4. 待再次沸腾后，放入调味料A，并以水淀粉勾芡，起锅前淋上香油即可。

备注：可依个人喜好加入干贝丝，风味更佳。

蟹腿肉烩丝瓜

材料o

蟹腿肉150克、丝瓜300克、葱20克、姜10克、胡萝卜40克

调味料o

盐1/2小匙、鸡粉1/2小匙、糖1小匙、水淀粉1大匙

做法o

1. 丝瓜洗净去皮切条状；葱、姜、胡萝卜洗净（去皮）切片。
2. 热锅，爆香葱片、姜片，放入丝瓜条、蟹腿肉、胡萝卜片、300毫升水与所有调味料(水淀粉除外)一起煮至熟，起锅前放入水淀粉勾芡即可。

Tips.料理小秘诀

丝瓜最常见的做法就是与蛤蜊一起炒，其实与市售的蟹腿肉搭配，既不用等蛤蜊吐沙，炒熟时间也更快呢！

蟹肉豆腐

材料

蟹腿肉20克、蛋豆腐1盒、胡萝卜10克、葱1根、姜10克、水淀粉1小匙

调味料

A 糖1小匙、盐1/2小匙、蚝油1小匙、绍兴酒1小匙

B 香油1小匙

做法

1. 蛋豆腐洗净切小块；蟹腿肉洗净切末；胡萝卜洗净去皮切末；葱洗净切花；姜洗净切末，备用。
2. 热锅倒入适量油，放入蛋豆腐煎至表面焦黄，取出备用。
3. 另热一锅，倒入适量油，放入姜末爆香，再放入胡萝卜末、蟹腿肉末拌炒均匀。
4. 加入50毫升水、调味料A及豆腐块，转小火盖上锅盖焖煮4～5分钟。
5. 加入水淀粉勾芡，最后加入香油及葱花即可。

醋味蟹螯

材料o

姜蒜醋味酱适量、蟹螯400克、姜片5克

做法o

1. 将蟹螯洗净敲开，与姜片一起放入滚水中汆烫约1分钟，捞起泡水，冷却备用。
2. 将蟹螯块摆盘，食用时蘸姜蒜醋味酱即可。

Tips.料理小秘诀

水煮蟹螯搭配姜蒜醋味酱最适合，既能去腥也能提鲜。姜蒜醋的比例很重要，加入1大匙糖，味道会更好。

姜蒜醋味酱

材料：

蒜仁2颗、姜10克、白醋3大匙、糖1大匙

做法：

（1）将蒜仁与姜都切成碎状。

（2）将做法1的材料和其余材料混合即可。

咖喱螃蟹粉丝

材料o

螃蟹1只（约230克）、粉丝50克、洋葱50克、蒜仁30克、芹菜40克

调味料o

咖喱粉2小匙、奶油2大匙、高汤300毫升、盐1/2小匙、鸡粉1/2小匙、糖1/2小匙、淀粉2大匙

做法o

1. 将螃蟹洗净去鳃后切小块；芹菜、洋葱洗净切丁；蒜仁洗净切碎；粉丝泡冷水20分钟，备用。
2. 起一油锅，热油温至约180℃，在螃蟹块上撒一些干淀粉，不需全部沾满，下油锅炸约2分钟至表面酥脆即可起锅沥油。
3. 另起一锅，热锅后加入奶油，以小火爆香洋葱丁、蒜末后，加入咖喱粉略炒香，再加入螃蟹块及高汤、盐、鸡粉、糖以中火煮滚。
4. 续煮约30秒后，加入粉丝同煮，等汤汁略收干后，撒上芹菜末略拌匀即可。

包心菜蟹肉羹

材料o

蟹腿肉200克、包心菜300克、金针菇30克、胡萝卜15克、蒜末10克、姜末10克、水淀粉1大匙

调味料o

盐1/2小匙、鸡粉1/2小匙、糖1小匙、乌醋1/2大匙、白胡椒粉少许、香油少许

做法o

1. 将蟹腿肉放入沸水中汆烫，捞起备用。
2. 包心菜洗净切块；金针菇洗净去蒂；胡萝卜洗净切丝备用。
3. 取锅烧热后倒入2大匙油，放入蒜末、姜末爆香，再放入包心菜块、金针菇与胡萝卜丝炒软。
4. 续加入350毫升热水，再加入蟹腿肉与所有调味料，煮至汤汁滚沸时，以水淀粉勾芡即可。

蟹肉豆腐羹

材料o

蟹腿肉300克、盒装豆腐1/2盒、四季豆4根、鲜笋1/2根、胡萝卜50克、高汤500毫升、水淀粉1大匙

调味料o

盐1/2小匙、白胡椒粉1/2小匙、香油1小匙

做法o

1. 将胡萝卜、鲜笋洗净切成菱形片，四季豆洗净切丁，分别放入滚水中汆烫后捞起；豆腐洗净切小块，备用。
2. 蟹腿肉洗净，放入滚水中泡3分钟后，捞出备用。
3. 取汤锅，倒入高汤煮滚，加入所有调味料及做法1、做法2的所有材料煮开，最后勾芡即可。

蟹肉豆腐煲

材料○

蟹肉200克、老豆腐2块、口蘑6朵、葱段适量、蒜仁2粒、姜片15克

调味料○

盐1/4小匙、米酒1小匙、高汤400毫升

做法○

1. 蟹肉解冻后，放入加了米酒、盐的沸水中汆烫至熟；口蘑洗净，放入沸水中烫熟，备用。
2. 老豆腐洗净切长片，放入油温为160℃的油锅中稍微炸过，捞起沥干备用。
3. 热锅，放入2大匙色拉油，放入葱段、姜片、蒜仁爆香，再加入高汤煮至沸腾，加入豆腐片、口蘑、蟹肉煮沸后，再倒入砂锅中煮至入味即可。

花蟹粉丝煲

材料○

小花蟹450克、粉丝100克、虾米10克、香菇20克、葱段30克、洋葱30克、芹菜10克、胡萝卜10克

调味料○

糖2大匙、蚝油1大匙、米酒1大匙、沙茶酱1大匙、豆腐乳1大匙

做法○

1. 小花蟹洗净剥壳去鳃；粉丝、虾米泡水至软；香菇泡水至软后切丝；洋葱洗净去皮切丝；芹菜洗净切段；胡萝卜洗净去皮切丝，备用。
2. 热锅，倒入适量油，放入虾米、香菇丝、葱段及洋葱丝爆香。
3. 放入花蟹、芹菜段、胡萝卜丝炒匀，加入600毫升水和所有调味料煮沸后，捞起所有材料，留汤汁备用。
4. 将汤汁倒入砂锅中，放入粉丝炒至汤汁略收，放回所有捞起的材料拌匀即可。

木瓜味噌青蟹锅

材料

木瓜300克、青蟹2只（约500克）、菠菜200克、葱花30克

调味料

白味噌100克、糖1大匙、味醂60毫升、香菇精1小匙

做法

1. 青蟹剥壳去腮后洗净，放入蒸锅中以大火蒸约18分钟，取出待凉后切块备用。
2. 木瓜洗净去皮，去籽，切成适当大小的块状；菠菜洗净切段备用。
3. 取一砂锅，放入1200毫升水与木瓜块煮至沸腾，加入所有调味料及青蟹块、菠菜段。
4. 以中火续煮至沸腾后立即熄火，撒上葱花即可。

清蒸沙虾

材料o

沙虾300克、蒜末10克、葱末10克、姜末5克

调味料o

米酒1大匙、芥末少许、酱油1大匙

做法o

1. 沙虾洗净后剪去头部刺、须，挑掉肠泥备用。
2. 沙虾加入米酒拌匀，放入蒸笼蒸约7分钟。
3. 蒸笼中放入蒜末、葱末、姜末，再蒸约30秒后取出。
4. 食用时蘸上以芥末、酱油调和的酱汁即可。

Tips.料理小秘诀

清蒸的海鲜若要好吃，食材一定要够新鲜，在挑选沙虾时，不妨先注意虾体的色泽。新鲜的沙虾体色透亮，可见虾肠，但若是冷冻解冻或是已经不太新鲜的沙虾则是虾体白浊，眼睛也较无光。

葱油蒸虾

材料o

虾仁120克、葱丝30克、姜丝15克、红辣椒丝15克

调味料o

蚝油1小匙、酱油1小匙、糖1小匙、色拉油2大匙、米酒1小匙

做法o

1. 虾仁洗净后，排放在盘中备用。
2. 将色拉油、葱丝、姜丝及红辣椒丝拌匀，加入2大匙水和其余调味料拌匀后，淋至虾仁上。
3. 电锅外锅加入1/2杯水，放入蒸架后将虾仁放置架上，盖上锅盖，按下开关，蒸至开关跳起即可。

当归虾

材料o

当归5克、枸杞子8克、鲜虾300克、姜片15克、红枣适量

调味料o

盐1/2小匙、米酒1小匙

做法o

1. 鲜虾洗净、剪掉长须后，置于汤锅（或内锅）中，将当归、红枣、枸杞子、米酒、姜片及水800毫升一起放入汤锅（或内锅）中。
2. 电锅外锅加入1杯水，放入汤锅，盖上锅盖，按下开关，蒸至开关跳起。
3. 取出鲜虾后，再加入盐调味即可。

Tips.料理小秘诀

用微波炉料理也很美味，做法1至做法2同电锅做法；用保鲜膜封好留一点缝隙，放入微波炉中，以大火微波4分钟后取出，撕去保鲜膜，再加入盐调味即可。

盐水虾

材料o

草虾20只、葱2根、姜25克

调味料o

盐1小匙、米酒1小匙

做法o

1. 草虾洗净剪掉长须后置于盘中；葱洗净切成段；姜洗净切片，备用。
2. 将葱段与姜片铺于草虾上。
3. 2大匙水和所有调味料混合后淋至草虾上。
4. 放入电锅中，外锅加入1/2杯水，蒸至跳起后取出即可。

Tips.料理小秘诀

盐的用量不需要太多，一点点盐就可将鲜虾的甜味引出来，就能吃到虾最原始的鲜甜。若不小心蒸太多吃不完也不需担心，因为本身的调味不会过重，所以还可以另外炒过加热或剥壳做成别的虾类料理来享用。

蒜泥虾

材料o

蒜泥2大匙、草虾8只、葱花10克

调味料o

A 米酒1小匙

B 酱油1大匙、糖1小匙

做法o

1. 草虾洗净、剪掉长须后，用刀在虾背由虾头直剖至虾尾处，但腹部不切断，且留下虾尾不摘除。
2. 将草虾肠泥去除洗净后，排放至盘子上备用。
3. 1大匙水和调味料B混合成酱汁备用。
4. 蒜泥、1大匙水与调味料A混合后，淋至草虾上，放入电锅中，外锅加入1/2杯水，蒸至跳起后取出，淋上酱汁，撒上葱花即可食用。

丝瓜蒸虾

材料o

丝瓜1条、虾仁100克、姜丝10克

调味料o

A 盐1/4小匙、糖1/2小匙、米酒1小匙

B 香油1小匙

做法o

1. 丝瓜用刀刮去表面粗皮，洗净后对剖成4瓣，切去带籽部分后，切成小段，排放盘上；虾仁洗净后，备用。
2. 将虾仁摆在丝瓜上，再将姜丝排放于虾仁上，1大匙水和调味料A调匀后淋在丝瓜、虾仁上，用保鲜膜封好。
3. 电锅外锅加入1/2杯水，放入蒸架后，将虾放置架上，盖上锅盖，按下开关，蒸至开关跳起，取出后淋上香油即可。

豆腐虾仁

材料o

豆腐200克、虾仁150克、葱花20克、姜末10克

调味料o

A 盐1/4小匙、鸡粉1/4小匙、糖1/4小匙

B 淀粉1大匙、香油1大匙

做法o

1. 虾仁挑去肠泥，洗净沥干水分，用刀背拍成泥，加入葱花、姜末及调味料A搅拌均匀，再加入调味料B，拌匀后成虾浆，冷藏备用。
2. 豆腐切成厚约1厘米的长方块，平铺于盘上，表面撒上一层薄薄的淀粉（分量外）。
3. 将虾浆平均置于豆腐上，均匀地抹成小丘状，重复至材料用毕。
4. 电锅外锅加入1/2杯水，放入蒸架后，将豆腐整盘放置架上并盖上锅盖，按下开关，蒸至开关跳起即可。

Tips.料理小秘诀

此道菜用微波炉料理也很美味，做法1至做法3同电锅做法；在做好的豆腐上淋上60毫升鸡高汤（材料外），封上保鲜膜，放入微波炉中以大火微波4分钟后取出，撕去保鲜膜即可。

枸杞子蒸鲜虾

材料o

枸杞子1大匙、草虾200克、姜10克、蒜仁3粒、葱1根

调味料o

米酒2大匙、盐1/2小匙、白胡椒粉1/4小匙、香油1小匙

做法o

1. 将草虾洗净后，剪去脚与须，再于背部划刀，去肠泥备用。
2. 把姜洗净切成丝状；蒜仁洗净切片；葱洗净切碎；枸杞子泡入水中至软备用。
3. 取一容器，放入全部材料和调味料，搅拌均匀备用。
4. 取1个圆盘，将草虾排整齐，再加入做法3的所有材料，用耐热保鲜膜将盘口封起来。
5. 将做法4的盘子放入电锅中，于外锅加入1杯水，蒸约12分钟即可。

萝卜丝蒸虾

材料o

白萝卜50克、虾仁150克、红辣椒1个、葱1根

调味料o

A 蚝油1小匙、酱油1小匙、糖1小匙、米酒1小匙
B 香油1小匙

做法o

1. 虾仁洗净后，排放盘上；白萝卜、葱、红辣椒洗净切丝，备用。
2. 将白萝卜丝与红辣椒丝排放于虾仁上，再将1大匙水和调味料A调匀后淋于其上。
3. 电锅外锅加入1/2杯水，放入蒸架后，将虾仁放置架上，盖上锅盖，按下开关，蒸至开关跳起，取出将葱丝撒至虾仁上，再淋上香油即可。

Tips.料理小秘诀

这道菜用微波炉料理也很美味，做法1、2同电锅做法，然后用保鲜膜封好，放入微波炉以大火微波3分钟，取出后撒上葱丝、淋上香油即可。

酸辣蒸虾

材料o

鲜虾12只、红辣椒4个、蒜仁4粒、柠檬1个

调味料o

鱼露1大匙、糖1/4小匙、米酒1小匙

做法o

1. 鲜虾洗净剪掉长须后置于盘中，柠檬榨汁，红辣椒及蒜仁洗净一起切碎，与柠檬汁、1大匙水及所有调味料拌匀，淋至鲜虾上。
2. 将做法1的材料用保鲜膜封好。
3. 电锅外锅加入1/2杯水，放入蒸架后，将鲜虾放置架上，盖上锅盖，按下开关，蒸至开关跳起即可。

Tips.**料理小秘诀**

这道菜用微波炉料理也很美味，做法1至做法2同电锅做法；放入微波炉中，以大火微波3分钟后取出，撕去保鲜膜即可。

四味虾

材料o

草虾300克、姜2片、米酒1大匙、四色调味酱适量

做法o

1. 草虾挑去肠泥，剪去须脚后洗净，用剪刀从虾背剪开，再用姜片、米酒浸泡约10分钟后取出，放入碗中备用。
2. 电锅外锅加1/2杯热开水，按下开关，盖上锅盖，待水蒸气冒出后，再掀盖将虾连碗移入电锅中，蒸5分钟后取出，食用前再依个人喜好蘸取四色调味酱即可。

四色调味酱

这个四色调味酱是让一虾四吃的另类做法，调制起来并不困难，将个别所含的材料搅拌均匀即可。

姜醋酱：水果醋1/2大匙、糖1/2大匙、姜汁1/2大匙、香油1小匙、酱油1/2小匙

芥末酱：酱油1小匙、芥末1大匙、香油1小匙、白醋1/2小匙

五味酱：番茄酱1大匙、蒜末1小匙、甜辣酱1小匙、白醋1/2小匙、鱼露2滴、糖1小匙、酱油1小匙、红辣椒末1小匙

蚝油蒜味酱：蒜末1/2大匙、蚝油1大匙、香油1小匙、市售高汤1小匙

鲜虾蒸嫩蛋

材料o

虾仁6只、鸡蛋3个、干香菇3朵

装饰材料o

葱末适量、豆苗3根

调味料o

鸡粉1小匙、盐1/2小匙、白胡椒粉1/4小匙

做法o

1. 虾仁洗净；干香菇泡水至软切片；鸡蛋均匀打散后倒入容器中，加入300毫升水和所有调味料拌匀。
2. 将蛋液以筛网过筛后倒入小碗中（如图1），并将香菇片放入。
3. 盖上保鲜膜，放入电锅中（如图2）（外锅加1杯水）蒸至半熟。
4. 接着撕开保鲜膜，放上虾仁后再盖上保鲜膜（如图3），放回电锅（外锅加1/2杯水）蒸至开关跳起，取出撒上葱末和豆苗装饰即可。

1

2

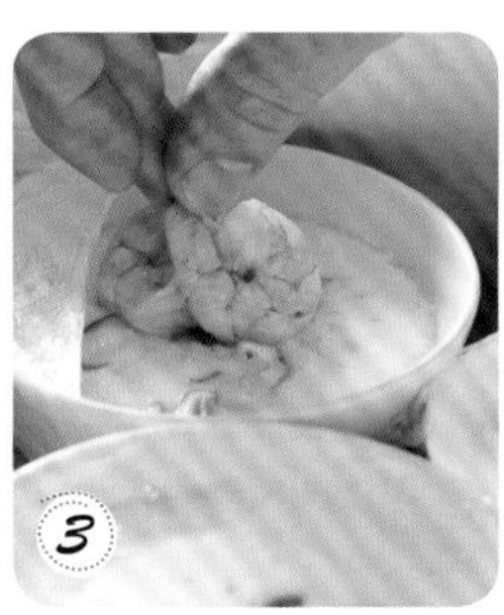

3

Tips.料理小秘诀

将打匀的蛋液以细网过筛，可消除蛋液中多余的空气，让蒸出来的蛋外观美观，口感也更滑顺。

鲜虾蛋皮卷

材料o

虾仁50克、去皮荸荠2粒、葱1根、蒜仁1粒、蛋黄3个、蛋清1个

调味料o

蛋清1个、盐1/2小匙、白胡椒粉少许、香油1小匙

做法o

1. 将材料中的蛋黄和蛋清混合拌匀后，倒入平底锅中煎成3张蛋皮。
2. 虾仁洗净，再将虾仁切成碎末状；去皮荸荠、葱、蒜头洗净切成碎末状备用。
3. 取1个容器，加入做法2的所有材料，再加入所有调味料混合搅拌均匀。
4. 取出1张蛋皮，加入适量做法3的馅料包卷起来，再于蛋皮外包裹上一层保鲜膜，重复上述步骤至材料用毕。
5. 将做法4的材料放入电锅中，外锅加入1杯水，蒸至开关跳起，取出撕除保鲜膜后，切片盛盘即可。

包心菜虾卷

材料o

包心菜1个、虾仁150克、葱花20克、姜末10克

调味料o

A 盐1/4小匙、鸡粉1/4小匙、糖1/4小匙

B 淀粉1大匙、香油1大匙

做法o

1. 包心菜挖去心后，将菜叶一片一片取下，尽量保持完整不要弄破，取下6片后，洗净，用沸水汆烫约1分钟，再取出浸泡冷水。
2. 将包心菜叶沥干水分，用刀背将较硬的叶茎处拍破，便于弯曲，备用。
3. 虾仁挑去肠泥洗净、沥干，用刀背拍成泥备用。
4. 虾泥中加入葱花、姜末及调味料A搅拌均匀，再加入淀粉及香油拌匀后成虾浆，冷藏备用。
5. 将包心菜叶摊开，将虾浆平均置于叶片1/3处，卷成长筒状后排放于盘子上，重复此做法至材料用毕。
6. 电锅外锅加入1杯水，放入蒸架后，将做法5的包心菜卷整盘放置架上，盖上锅盖，按下开关，蒸至开关跳起即可。

香菇镶虾浆

材料

鲜香菇10朵、虾仁150克、葱花20克、姜末10克

调味料

A 盐1/4小匙、鸡粉1/4小匙、糖1/4小匙
B 淀粉1大匙、香油1大匙

做法

1. 虾仁挑去肠泥，洗净，沥干水分，用刀背拍成泥，加入葱花、姜末及调味料A搅拌均匀，再加入淀粉及香油，拌匀后即为虾浆，冷藏备用。
2. 鲜香菇泡水约5分钟后，挤干水分，平铺于盘上，注意底部向上，再撒上一层薄薄的淀粉（分量外）。
3. 将虾浆平均置于鲜香菇上，均匀地抹成小丘状，重复此做法至材料用毕。
4. 电锅外锅加入1/2杯水，放入蒸架后，将香菇整盘放置架上，盖上锅盖，按下开关，蒸至开关跳起即可。

Tips.料理小秘诀

喜欢鲜虾煮熟后脆脆口感的读者，可以不将虾拍得太碎，以免失去口感。另外，虽然干香菇的香气充足，但是因为这里是用蒸的做法，所以建议用肉厚的鲜香菇较适合，价格也比干香菇便宜。

焗烤大虾

材料o

草虾4只、奶酪丝30克、巴西里碎适量

调味料o

奶油白酱2大匙（做法请见P65）、蛋黄1个

做法o

1. 调味料混合拌匀备用。
2. 草虾洗净沥干，剪去虾头最前端处，从背部纵向剪开（不要完全剪断），去肠泥，排入盘中，淋上做法1的调味料、撒上奶酪丝。
3. 放入预热好的烤箱中，以上火250℃、下火150℃烤约5分钟至表面呈金黄色泽。
4. 取出后撒上适量巴西里碎即可。

焗烤奶油小龙虾

材料o

小龙虾2只、蒜仁2粒、葱2根、奶酪丝35克、巴西里适量

调味料o

奶油1大匙、盐1/2小匙、白胡椒粉1/4小匙

做法o

1. 将小龙虾纵向剖开成2等份，洗净备用。
2. 蒜仁切末；葱和巴西里洗净后，切碎末状备用。
3. 将蒜仁和葱碎放入小龙虾的肉身上，再放入混合拌匀的调味料，撒上奶酪丝，排放入烤盘中。
4. 放入200℃的烤箱中烤约10分钟后取出盛盘，再撒上巴西里碎即可。

Tips.料理小秘诀

带壳的鲜虾在烹调的过程中不容易缩水，但也较不易熟和入味，在做这类焗烤料理的时候要记得将虾壳剖开，这样不仅在烤的时候能让调味料与虾肉结合，虾肉也较易熟。

盐烤虾

材料o

鲜虾300克、葱段10克、姜片5克

调味料o

盐3大匙、米酒1大匙

做法o

1. 鲜虾洗净去须、头尾尖刺，沥干水分。
2. 将鲜虾、葱段、姜片、米酒拌匀，腌约10分钟备用。
3. 将鲜虾用竹签串好，撒上盐，放入已预热的烤箱，以200℃烤约10分钟即可。

Tips.**料理小秘诀**

鲜虾插入竹签的用意，是避免虾烤熟后卷起。

咖喱烤鲜虾

材料o

白虾300克

腌料o

咖喱粉1大匙、酱油1/2小匙、糖1/4小匙、白胡椒1/4小匙

做法o

1. 白虾洗净，剪去头须，剖开背部，去肠泥，备用。
2. 将白虾加入所有腌料，拌匀腌渍约10分钟，备用。
3. 烤箱预热至180℃，放入虾烤约5分钟至干香即可。

玉米酱烤明虾

材料o

玉米酱1大匙、明虾2只

调味料o

白酒1小匙、盐1/2小匙、胡椒粉适量

做法o

1. 将明虾洗净，剪去头部、须脚，由背部切开却不切断，去肠泥，并用刀切断腹部白筋，用所有腌料腌10分钟备用。
2. 烤箱预热至220℃，将明虾放在铝箔纸上，入烤箱先烤1分钟后再涂玉米酱烤约8分钟，期间不断在明虾切开的背部涂上玉米酱，至烤熟即可。

Tips.料理小秘诀

先用刀切断明虾腹部的白筋，以免烤的时候虾缩卷起来。明虾剖开的背部要够深，烤时不断涂抹玉米酱，像是明虾夹入玉米馅一样。

清蒸花蟹

材料o

花蟹2只（约250克）、姜片60克、葱段50克、米酒30毫升、姜丝适量

调味料o

白醋60毫升

做法o

1. 将花蟹外壳和蟹钳洗干净。
2. 取一锅，锅中加入姜片、葱段、米酒和300毫升水，再放上蒸架，将水煮至滚沸。
3. 待水滚沸后，放上花蟹，蒸约15分钟。
4. 将白醋和姜丝混合，食用花蟹时蘸取即可。

Tips.料理小秘诀

食材若是够新鲜，用清蒸的方式料理最简单方便且最能吃到食材的原味。料理螃蟹前要特别注意将鳃及内脏处理干净，若是没有将内脏去除干净，容易有腥臭味，会影响蟹肉本身的鲜美味道。

青蟹米糕

材料

青蟹1只、糯米300克、虾米1大匙、泡发香菇丝50克、红葱头50克、姜3片、葱段适量

调味料

五香粉1/2小匙、酱油1小匙、盐1/2小匙、鸡粉1/2小匙、糖1小匙、白胡椒粉1小匙、香油1小匙

做法

1. 糯米泡水2小时后洗净沥干；红葱头洗净切片。
2. 取一锅，倒入2大匙色拉油加热，放入红葱头片，以小火炸至红葱头片呈金黄色后熄火，倒出过滤油（红葱酥和红葱油皆保留）。
3. 取一蒸笼，铺上纱布，放入糯米，以中火蒸约15分钟。
4. 取一锅，倒入红葱油、虾米和泡发香菇丝，以小火炒约3分钟后加入所有调味料、100毫升水和红葱酥拌炒均匀，煮约5分钟。
5. 将蒸好的糯米放入做法4的材料中拌匀，盛入盘中（如图1）。
6. 将青蟹处理干净，与姜片、葱段一起摆入蒸盘中（如图2），以中火蒸约8分钟后取出；将蒸熟的青蟹切成小块状，再连同汤汁一起放至做法5的材料上，放入蒸笼，以中火再蒸5分钟即可。

豆乳酱虾仁

材料o

草虾6只、淀粉10克

面糊材料o

低筋面粉60克、糯米粉30克、盐3克

调味料o

豆腐乳40克、美乃滋50克、米酒10毫升、糖10克、花生仁碎10克

做法o

1. 将120毫升水与面糊材料混合拌匀备用。
2. 草虾去壳留尾后，洗净后先沾淀粉，再裹上做法1的面糊，放入热油锅中炸熟，捞起沥油盛盘备用。
3. 将10毫升水与调味料（花生仁碎先不加入）全部混合拌匀成酱汁后，淋入炸好的草虾中拌匀，再撒上花生仁碎即可。

Tips.料理小秘诀

虾仁虽然食用方便，但常常因为经过高温加热后缩水导致体积变小。如果想要虾仁不过度缩水，可以在油炸前于虾仁的背部先划刀再沾裹面糊，如此就可以避免虾仁烹煮后过度缩水了。

梅酱芦笋虾

材料o

芦笋220克、草虾10只、姜5克、红辣椒末少许

调味料o

紫苏梅（连同汁液）3个、糖2小匙、盐1/6小匙

做法o

1. 芦笋洗净切去接近根部较老的部分，放入滚水中汆烫约10秒即捞起，再放入冰水浸泡变凉后装盘。
2. 草虾洗净放入滚水中汆烫约20秒后，捞起剥去壳，排放至芦笋上。
3. 紫苏梅去籽，连汤汁与磨成泥的姜、红辣椒末、1小匙凉开水及所有调味料混成酱汁，淋至芦笋虾上即可。

蒜味鲜虾沙拉拌芦笋

材料o

鲜虾2只、芦笋4根

调味料o

蒜泥5克、美乃滋20克、巴西里碎少许、盐1/2小匙

做法o

1. 将芦笋洗净，切去根部的坚硬部分备用。
2. 取一汤锅，加水煮至滚沸，加入少许分量外的盐后，放入芦笋汆烫至熟，再取出以冷开水冲凉，捞起切成5厘米长的段备用。
3. 鲜虾去除泥肠，洗净，以滚水汆烫至熟后取出，泡冰开水冷却，再剥除虾壳备用。
4. 取一盘，排入芦笋段与鲜虾。
5. 取一碗，将所有调味料混合成蒜味沙拉酱后淋于鲜虾芦笋上即可。

水果海鲜沙拉盏

材料o

水果丁15克、虾仁60克、鱿鱼丁60克、生菜叶1片

调味料o

美乃滋50克

做法o

1. 虾仁、鱿鱼丁用滚水氽烫熟后，捞出泡入冷开水中至凉，再捞起备用。
2. 将各式水果丁、美乃滋和虾仁、鱿鱼丁一起拌匀备用。
3. 生菜叶洗净后，将做法2的材料摆放于生菜叶上即可。

注：水果丁的种类可依个人喜好准备；亦可摆放些苜蓿芽、莴苣等装饰。

龙虾沙拉

材料o
冷冻熟龙虾1只、包心菜丝80克

调味料o
美乃滋1小包

做法o

1. 将熟冻龙虾解冻，待解冻后取下龙虾头，用剪刀将虾腹部的软壳顺着边缘剪下，取下龙虾肉，龙虾硬壳留用。
2. 包心菜丝装盘垫底，龙虾肉切成薄片铺于包心菜丝上，再挤上美乃滋。
3. 将龙虾头及虾身摆至盘上装饰即可。

Tips.料理小秘诀

新鲜的龙虾虽然较鲜甜美味，但是保鲜不易、价格偏高，若不想要花费太多，可以选用冷冻的熟龙虾，省去了事前的汆烫处理，只要解冻后就可以食用，搭配美乃滋风味更佳。

泰式凉拌生虾

材料o

活草虾200克、蒜末20克、姜末20克、红辣椒1个、罗勒适量、柠檬1/4个

调味料o

鱼露2小匙、甘味酱油2小匙

做法o

1. 活草虾拔除头部与外壳，用菜刀顺着背部往下切开，但不切断身体，并清除肠泥，再以冷开水洗净，平翻置于盘上。
2. 红辣椒洗净切末，与姜末、蒜末混合拌入碗中，加进鱼露、甘味酱油拌匀。
3. 将酱汁淋在虾肉身上，挤上柠檬汁，并用罗勒装饰即可。

Tips.料理小秘诀

凉拌生虾一定要使用新鲜活虾，死虾或不新鲜的冷冻虾不宜生食，以免对身体健康产生影响。

姜汁拌虾丁

材料o

大虾仁200克、竹笋1根、老姜50克

调味料o

盐1/2小匙、香油1小匙、白胡椒粉1/4小匙

做法o

1. 竹笋洗净切去笋尖，放入锅内，加适量水（水需淹过竹笋），以小火煮约30分钟，熄火取出冲冷水至凉，去皮切丁备用。
2. 煮一锅滚沸的水，放入大虾仁烫熟后捞起，切丁备用。
3. 老姜洗净去皮，以研磨器磨成姜泥，去渣留姜汁备用。
4. 将竹笋丁、虾仁丁、姜汁以及所有调味料一起拌匀即可。

艳红海鲜盅

材料o

鲜虾20克、墨鱼片20克、芦笋2根、西红柿1个、苜蓿芽5克、黄卷须生菜20克

调味料o

美乃滋20克

做法o

1. 将鲜虾和墨鱼片洗净，放入滚水中煮熟后捞起，放凉备用。
2. 芦笋洗净后放入煮沸的盐水（材料外）中汆烫，再捞起泡入冷水中至凉，捞起备用。
3. 西红柿洗净，先挖除根蒂，再将籽与果肉稍加清理干净备用。
4. 将挖空的西红柿内填入做法1和做法2的所有材料及苜蓿芽后，挤上美乃滋，最后放置在黄卷须生菜铺底的盘上即可。

酸辣芒果虾

材料o

虾仁10只、小黄瓜40克、红甜椒40克、芒果（去皮）80克

调味料o

辣椒粉1/6小匙、柠檬汁1小匙、盐1/6小匙、糖1小匙

做法o

1. 小黄瓜、红甜椒、芒果洗净切丁；虾仁洗净烫熟后放凉，备用。
2. 将做法1的所有材料放入碗中，加入所有调味料拌匀即可。

Tips.料理小秘诀

最好自行选购新鲜虾，洗净后放入滚沸的水中稍微汆烫至外壳变红后捞出，剥壳去肠泥后，再汆烫至虾仁熟透，马上捞出泡入冰水中，可以让虾仁口感更好喔。

香芒鲜虾豆腐

材料o

鲜虾3只、鸡蛋豆腐1块

调味料o

芒果丁20克、香菜碎5克、红辣椒碎（去籽）5克、柠檬汁60毫升、橄榄油180毫升、盐1/2小匙、白胡椒粉1/4小匙

做法o

1. 取一盘，将鸡蛋豆腐洗净后切四方形，排盘备用。
2. 鲜虾洗净，用滚水汆烫至熟后捞起，去壳，排放于豆腐上备用。
3. 取一碗，放入所有调味料拌匀后淋于鲜虾上即可。

Tips.料理小秘诀

炎炎夏日，人常常食欲不振，不妨试着做做这道料理，鲜虾的鲜甜结合芒果本身的水果香气；鸡蛋豆腐的Q嫩口感及用橄榄油、柠檬汁调制的天然油醋，既美味又有均衡的营养。但要注意这类凉拌料理所用的食材一定要够新鲜才行。

日式翠玉鲜虾卷

材料o

鲜虾4只、白菜1个、绿豆芽30克、芦笋2根

调味料o

味噌50克、白醋10毫升、香油10毫升、糖10克

做法o

1. 白菜一片片剥开后洗净备用。
2. 白菜用滚水汆烫至熟，再捞起沥干水分；绿豆芽、芦笋洗净后用滚水汆烫至熟，捞起泡入冰开水中，使其保持清脆备用。
3. 鲜虾洗净去肠泥，用滚水煮熟后再去壳备用。
4. 取一盘，将白菜铺于盘上，再依序放上绿豆芽、芦笋和鲜虾，将白菜卷起固定后切成约3厘米长的段摆盘。
5. 取一碗，放入10毫升冷开水、所有调味料混合均匀，淋于白菜卷上即可。

凉拌蟹肉

材料○

生蟹肉200克、小黄瓜30克、胡萝卜30克、鱼板30克、红辣椒20克、巴西里碎少许

调味料○

白胡椒少许、香油20毫升、鸡粉5克、盐1/2小匙

做法○

1. 将生蟹肉放入滚水中汆烫熟后取出，泡入冰开水中至凉，再捞起备用。
2. 小黄瓜、胡萝卜及鱼板皆洗净、切小方块状，并放入滚水中汆烫，再取出泡入冰开水中至凉后捞起沥干；红辣椒洗净、切小方块状备用。
3. 取一调理盆，放入做法1、做法2的所有材料，再加入所有调味料一起搅拌均匀后盛盘，放上巴西里碎装饰即可。

蟹肉莲雾盅

材料o

蟹肉60克、莲雾2个、水煮蛋1个、洋葱丁20克、紫甘蓝丝10克、巴西里碎3克

调味料o

美乃滋120克、盐1/2小匙、白胡椒粉1/4小匙

做法o

1. 蟹肉用滚水汆烫后取出，泡入冰开水中冷却、捞起备用。
2. 莲雾洗净，于顶部1／3处横向切开，挖除中间籽的部分，呈一盅状；水煮蛋去壳切粗丁状备用。
3. 将紫甘蓝丝铺于盘上备用。
4. 取一调理盆，放入洋葱丁、蟹肉、盐、白胡椒粉及美乃滋一起混合拌匀。
5. 将做法4的材料与蛋丁拌匀后填入莲雾盅内，最后放在紫甘蓝丝上，撒上巴西里碎即可。

泰式蟹肉凉面

材料o

蟹肉60克、天使面80克、胡萝卜丝20克、罗勒丝适量

调味料o

柠檬汁20毫升、鱼露40毫升、红辣椒碎20克、蒜蓉10克、糖10克

做法o

1. 蟹肉用滚水汆烫至熟，取出以冷开水冲凉、捞起备用。
2. 胡萝卜丝泡入冰开水中使其口感清脆，备用。
3. 取一汤锅，放入适量水（材料外）煮至滚沸，加入少许分量外的盐及天使面煮约5分钟后捞出，再以冷开水冲凉，摆盘备用。
4. 将蟹肉、胡萝卜丝及罗勒丝放在天使面上。
5. 取一调理盆，将所有调味料混合拌匀后淋于做法4的材料上，食用前拌匀即可。

头足类料理篇

最常食用的头足类海鲜，盛产期多在春、秋两季。头足类的料理也不胜枚举，如热炒店的招牌菜三杯墨鱼、逛夜市一定会吃的烤墨鱼仔、泰式料理的凉拌海鲜等。

虽然这类海鲜相当美味，但也相对地不那么好料理，因为市面上买回来的墨鱼仔、鱿鱼大部分都要自己处理内脏，而且一不小心就会煮得太老、过度卷曲等。以下这篇要教你头足类的料理法，跟着大厨一起做，变化出各式美味的料理吧！

头足类的挑选、处理诀窍大公开

尝鲜保存小妙招

建议先将鱿鱼、墨鱼这一类的头与身体分离，再将内脏取出，洗净拭干后依照料理需求切片或整条放入冰箱冷藏。而墨鱼仔、小章鱼等不方便处理的，可以先烫熟再沥干放入冰箱冷藏，都可以延长保存期限喔。

头足类新鲜判断法

Step1

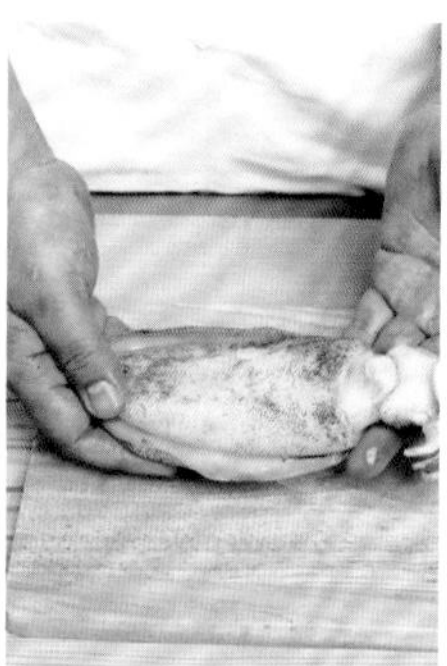

第一步先看身体是否带透明状，且新鲜状态下应该呈现自然光泽，触须无断落，表皮完整；如果变成灰暗的颜色，表皮无光泽就是不新鲜了，千万不要选 。

Step2

接下来摸一下表面是否光滑，轻轻按压会有弹性，如果失去弹性且表皮粘黏，这种软管类海鲜就已经失去新鲜度了。

干鱿鱼处理步骤

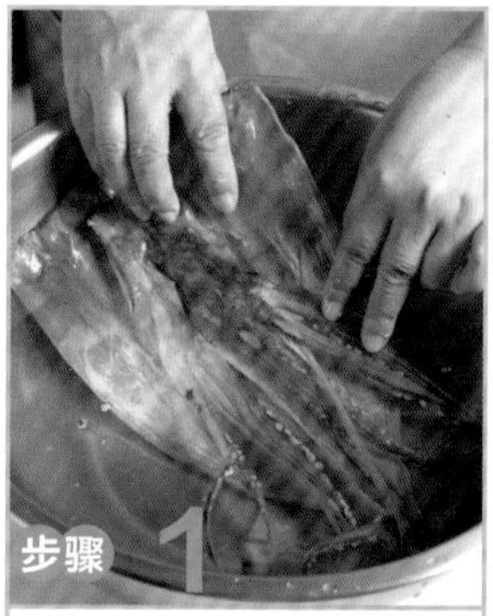

取一盆水，将干鱿鱼浸入水中， 水量要盖过鱿鱼。

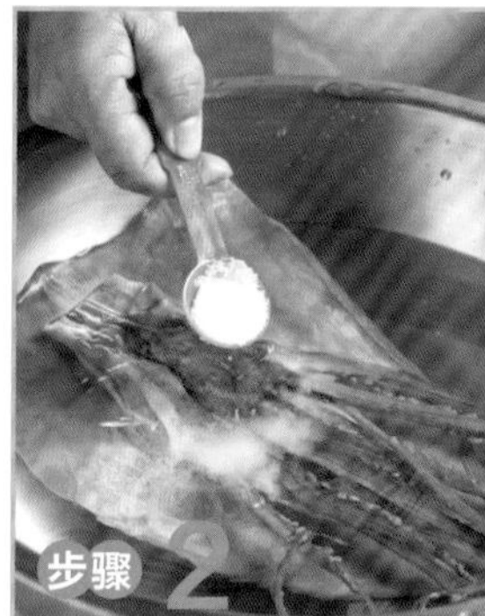

加入1匙盐，可使鱿鱼口感比较脆。

用手将盐拌匀，并使鱿鱼全部浸泡在盐水中，静置约8小时待发。

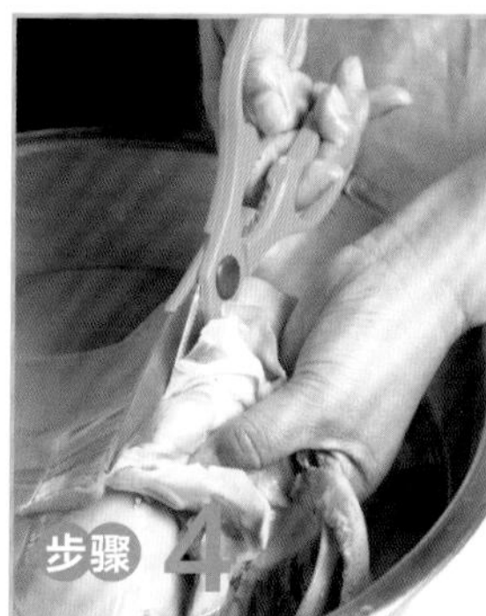

取出鱿鱼，放在另一盆中，用流动的自来水泡约60分钟，泡发后用剪刀将鱿鱼头部剪开。

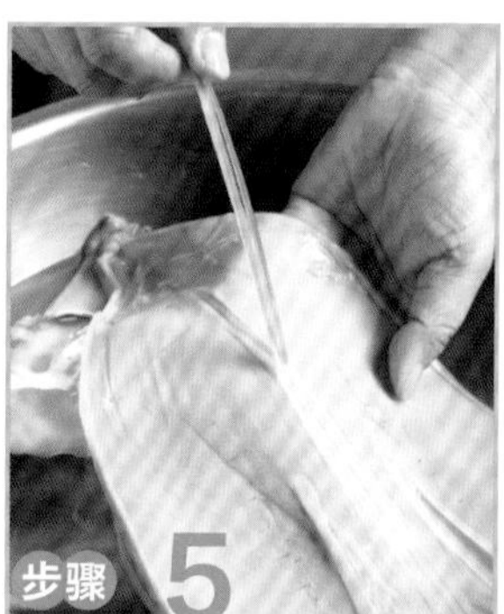

顺着鱿鱼的背部，剥除中间的硬刺。

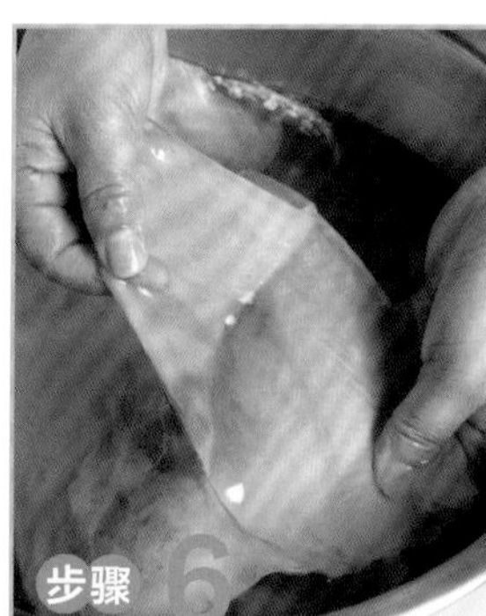

最后撕掉外层薄膜。

到市场去逛，总是会看到许多墨鱼、鱿鱼这类软管类一个个整齐地摆放在摊子上，等着爱吃海鲜的老饕们来把它们选回家料理。但要做出一道好吃的料理，最重要的就是食材要新鲜，而要挑选新鲜的软管类海鲜，也是有学问的呢。

鲜鱿鱼处理步骤

鱿鱼肉质肥厚、鲜嫩脆滑。最常见的就是切成一段段的圆圈状，做成家喻户晓的三杯鱿鱼，或者可以热炒、煮汤、汆烫蘸酱或沙拉，这几种做法都是品尝原味口感与鲜度的极佳选择，风味各有不同，但是都能维持鱿鱼的新鲜原味，也是饕客在餐厅里必点的尝鲜圣品。

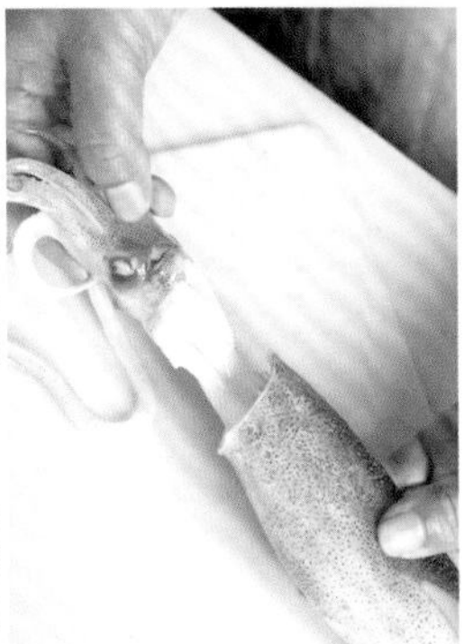

1 一手抓住头部，将头从身体部位抽出。

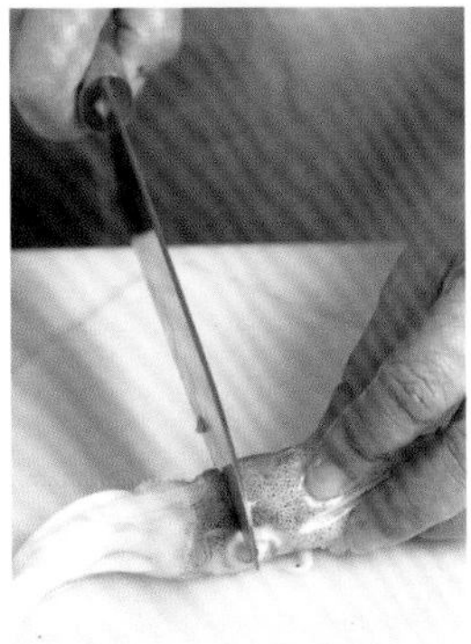

2 用刀切开眼睛部位，将眼睛取出。

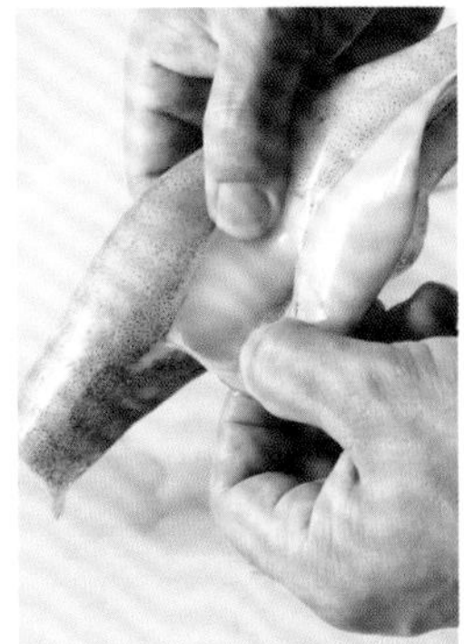

3 用手撕开外层薄膜，再清洗干净。

墨鱼处理步骤

墨鱼身体瘦长、尾巴尖，吃起来带有甜味，以海域附近现捞的最为新鲜好吃。买回来如果没有马上吃，记得要放在冰箱冷冻，等到要烹调再取出切割即可。另外，烹调时记得要以大火方式快炒，才能保留其中的水分，吃起来味道鲜又甜。

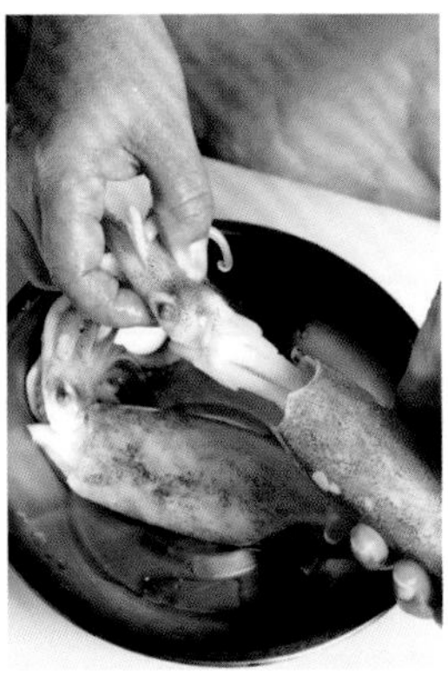

1 一手抓住头部，将头从身体部位抽出。

2 将身体部分的透明软骨取出。

3 用剪刀将身体剪开，撕掉外层薄膜。

软丝处理步骤

软丝身体比较宽圆、肉质Q弹，带有甜味；我国台湾地区盛产季是在农历年前后，现捞上岸可做成生鱼片，也适合用汆烫蘸酱或搭配蔬果快炒。烹煮软丝时，不管哪种料理方式都要尽量缩短时间，以免烹调过程让其丧失鲜汁水分，使肉质变得不脆！

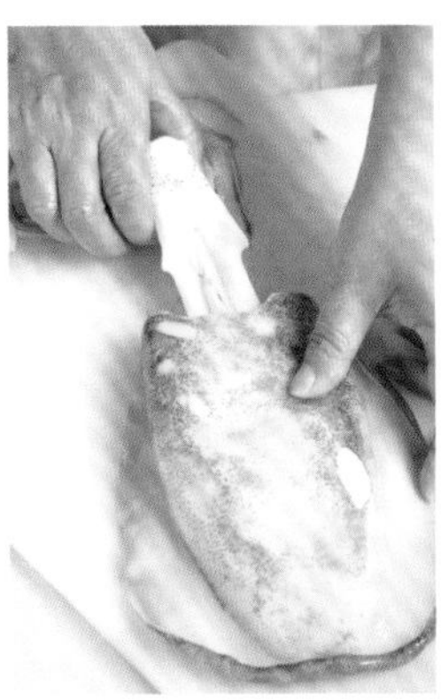

1 一手抓住头部，将头从身体部位抽出。

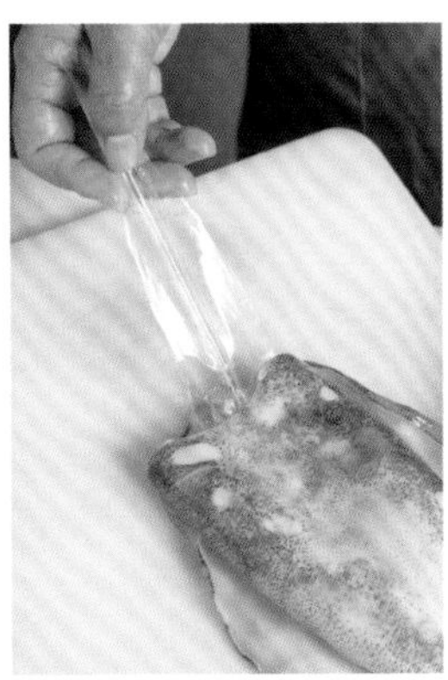

2 取出透明软骨。

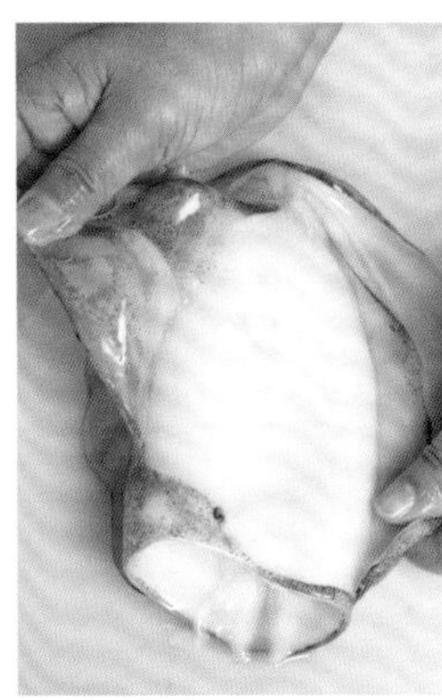

3 用手撕开外层薄膜，再清洗干净。

台式炒墨鱼

材料

墨鱼1/2只、芹菜150克、蒜末1/2小匙、红辣椒片少许、水淀粉1小匙

调味料

盐1/2小匙、糖1/4小匙、香油1/2小匙、白胡椒粉1/8小匙

做法

1. 墨鱼清理干净切块；芹菜去叶片洗净切段，备用。
2. 将墨鱼汆烫后，以冷水洗净备用。
3. 热锅，倒入适量油，放入蒜末和红辣椒片爆香，再加入芹菜段、墨鱼块，以小火炒2分钟，加入所有调味料，以水淀粉略炒勾芡即可。

士林生炒墨鱼

材料○

墨鱼300克、桶笋80克、胡萝卜30克、葱1根、猪油2大匙、蒜末10克、红辣椒末10克、红薯粉水1大匙

调味料○

米酒1大匙、盐1/2小匙、鸡粉1/2小匙、糖1小匙、白醋2小匙、乌醋1小匙

做法○

1. 将处理好的墨鱼洗净，切成大块；另将桶笋洗净切片；胡萝卜洗净削皮切片；葱洗净切段备用（如图1）。
2. 取锅烧热后，加入猪油，烧至完全溶解成透明的油（如图2）。
3. 再加入葱段、蒜末、红辣椒末爆香（如图3）。
4. 加入墨鱼片、桶笋片、胡萝卜片略炒，倒入300毫升热水煮开（如图4）。
5. 陆续倒入米酒、盐、鸡粉、糖煮至再度滚开，以红薯粉水勾芡，起锅前加上白醋与乌醋拌匀即可（如图5）。

Tips.料理小秘诀

料理生炒墨鱼时，口味若没有特别要求，选用色拉油、橄榄油等一般食用油即可，希望味道香一点的，则可以适量使用猪油，来增添其风味。本食谱示范有时用猪油有时用一般食用油，目的是提供另一种尝试，并不是说该道菜非用此油不可，读者可依自己喜好，选择喜好的油类来烹调。

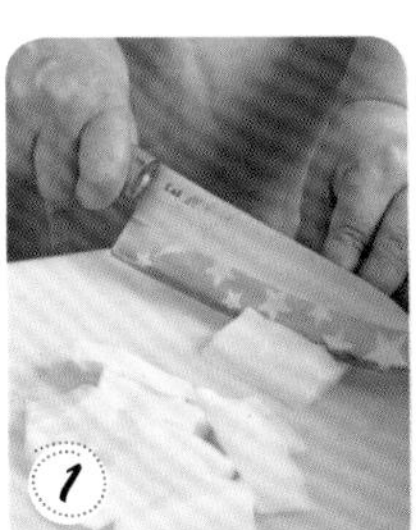

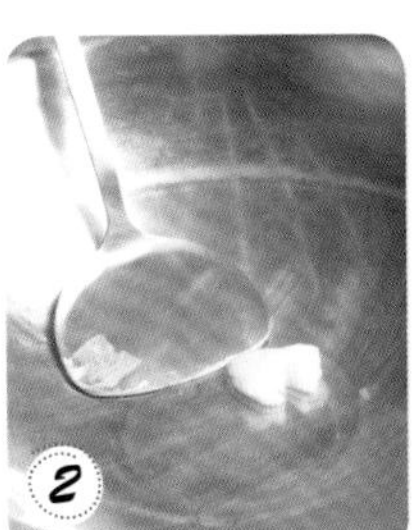

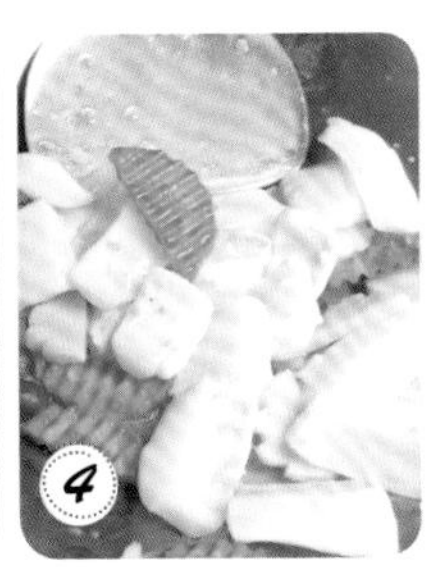

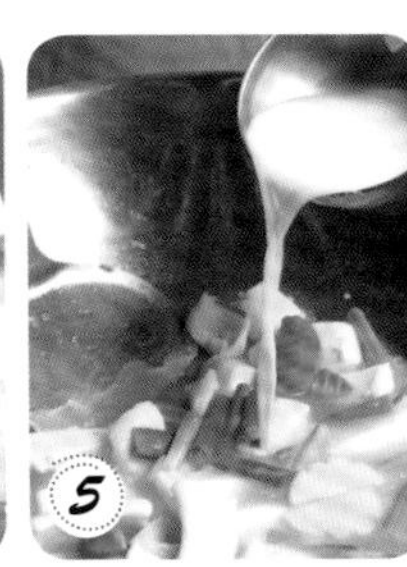

豆瓣酱炒墨鱼

材料o

墨鱼1只、姜片适量、蒜片2片、红辣椒片少许、大葱段适量

调味料o

豆瓣酱1大匙、香油1小匙、盐1/6小匙、白胡椒粉1/4小匙

做法o

1. 墨鱼去头洗净后，先切花后再切片状备用。
2. 煮一锅约100℃的热水，将墨鱼片放入略氽烫，即可捞起备用。
3. 取锅，加入少许油烧热，放入姜片、蒜片、红辣椒片和大葱段爆香，加入墨鱼片和所有的调味料翻炒均匀即可。

Tips.料理小秘诀

加入一些豆瓣酱拌炒，可盖过墨鱼的腥味。

西芹炒墨鱼

材料o

西芹片60克、墨鱼300克、红甜椒片20克、黄甜椒片20克、葱段适量、蒜片3片

调味料o

鲜美露1大匙、糖1小匙、米酒1大匙、香油1小匙

做法o

1. 墨鱼洗净切花，再切小块，放入滚水中氽烫，备用。
2. 热锅，加入适量色拉油，放入葱段、蒜末爆香，再加入西芹片、红甜椒片、黄甜椒片炒香，再加入墨鱼及所有调味料拌炒均匀即可。

彩椒墨鱼圈

材料o

青椒片50克、黄甜椒片50克、红甜椒片50克、墨鱼圈200克、蒜片10克、葱段10克

调味料o

盐1/4小匙、鸡粉1/4小匙、米酒1大匙

做法o

1. 热锅，加入2大匙油，放入蒜片、葱段爆香，再放入墨鱼圈拌炒。
2. 放入青椒片、黄甜椒片、红甜椒片、1大匙水和所有调味料，炒至均匀入味即可。

Tips.料理小秘诀

墨鱼本身就很容易熟，所以要注意翻炒的时间，不要炒过久，否则会变得太过干涩，口感就不佳了！

蒜香豆豉墨鱼

材料o

A 墨鱼600克

B 蒜片5克、豆豉10克、红辣椒段10克、葱花10克、姜片5克

面糊材料o

鸡蛋1个、玉米粉20克、淀粉20克

调味料o

盐1/2小匙、鸡粉1/4小匙、白胡椒粉1小匙

做法o

1. 墨鱼洗净去内脏，切条状备用。
2. 面糊材料搅拌均匀成面糊。
3. 将墨鱼条沾裹面糊，放入油温为180℃的油锅中，以中火炸约2分钟至表面呈金黄色，捞起沥油备用。
4. 热锅，先爆香材料B，再加入所有调味料与炸好的墨鱼条，快速拌炒均匀即可。

四季豆炒墨鱼

材料o

墨鱼150克、四季豆50克、姜10克、红辣椒5克、胡萝卜5克

调味料o

糖1/2小匙、鲜美露1大匙

做法o

1. 墨鱼洗净去除内脏，切成条状，放入沸水中汆烫至熟，捞起沥干备用。
2. 四季豆洗净，去除头尾与粗筋后切小段；姜洗净切成条状；红辣椒洗净，去籽切条状；胡萝卜洗净，去皮切条状备用。
3. 热锅倒入适量油，放入做法2的材料炒香，加入30毫升水及所有调味料焖煮约2分钟。
4. 加入墨鱼条拌炒均匀即可。

Tips.料理小秘诀

为了避免墨鱼在加热的过程中卷起来，变得与其他食材长条的形状不搭，在切的时候可以将墨鱼身体横着切条，不要顺着身体直切，否则一加热就会卷起来了。

炒三鲜

材料o

鱿鱼20克、墨鱼20克、虾仁30克、小黄瓜10克、胡萝卜5克、葱1根、姜5克、水淀粉1小匙

调味料o

糖1小匙、蚝油1大匙、酱油1小匙、米酒1小匙、香油1小匙、白胡椒粉少许

做法o

1. 鱿鱼、墨鱼洗净切片后，在表面切花刀，与虾仁分别放入沸水汆烫至熟，捞起沥干备用。
2. 胡萝卜洗净去皮切片，小黄瓜洗净切片，分别放入沸水中汆烫一下，捞起沥干备用。
3. 葱洗净切段，姜洗净切片，备用。
4. 热锅倒入适量油，放入做法3的材料爆香后，加入30毫升水、做法1和做法2所有材料及所有调味料炒匀，再加入水淀粉勾芡即可。

椒麻双鲜

材料o

鱿鱼100克、墨鱼100克、葱1根、姜10克、蒜仁3粒、花椒粒少许

调味料o

辣豆瓣酱2大匙

做法o

1. 鱿鱼、墨鱼洗净切兰花刀，以沸水汆烫；葱洗净切花；姜洗净切末；蒜仁洗净拍碎切末，备用。
2. 取锅烧热后倒入适量油，放入葱花、姜末、蒜末与花椒粒炒香，再放入汆烫过的鱿鱼与墨鱼，加入辣豆瓣酱拌炒均匀即可。

生炒鱿鱼

材料
鱿鱼300克、桶笋80克、红辣椒1个、葱2根、猪油2大匙、蒜末10克、姜末10克、红薯粉水1大匙

调味料
米酒1大匙、盐1/3小匙、鸡粉1/2小匙、糖1小匙、沙茶酱1小匙

做法
1. 将处理好的鱿鱼洗净并切片；桶笋、红辣椒洗净切片；葱洗净切段备用（如图1）。
2. 取锅烧热后加入猪油，再放入葱段、蒜末、姜末爆香（如图2）。
3. 加入鱿鱼片、桶笋片、红辣椒片略炒数下（如图3）。
4. 倒入热水300毫升与米酒，一同拌炒至汤汁略滚（如图4）。
5. 加入盐、鸡粉、糖、沙茶酱炒至汤汁滚沸时，以红薯粉水勾芡即可（如图5）。

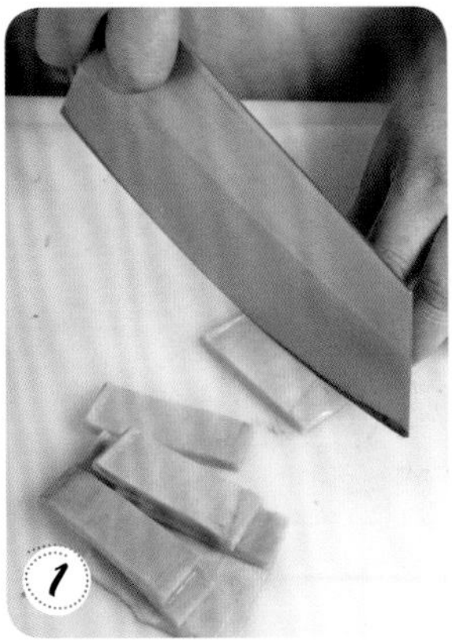

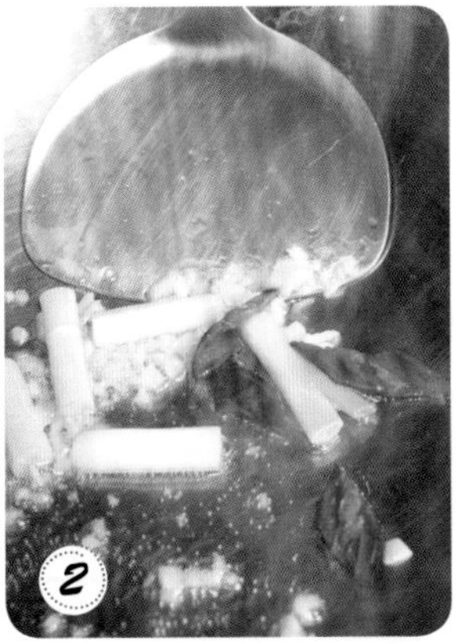

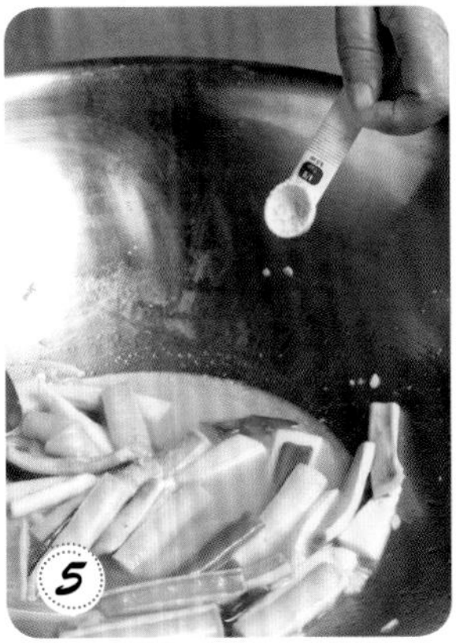

Tips.料理小秘诀

新鲜的鱿鱼在平放时身体会稍微弓起，表皮完整，色泽亮；不新鲜的鱿鱼身体没有弹性，放着会软趴趴，表皮有脱皮，缺乏光泽。

宫保鱿鱼

材料o

干辣椒15克、水发鱿鱼200克、姜5克、葱2根、蒜味花生仁50克

调味料o

A 白醋1小匙、酱油1大匙、糖1小匙、料酒1小匙、淀粉1/2小匙

B 香油1小匙

做法o

1. 将水发鱿鱼皮剥除后切花，放入滚水中汆烫约10秒即捞出沥干水分；姜洗净切丝；葱洗净切段，备用。
2. 将1大匙水及所有调味料A调匀即成兑汁备用。
3. 热锅，加入2大匙色拉油，以小火爆香葱段、姜丝及干辣椒后，加入鱿鱼，以大火快炒约5秒，再边炒边将做法2的兑汁淋入，拌炒均匀入味，最后加入蒜味花生仁，洒上香油即可。

蒜苗炒鱿鱼

材料o

蒜苗30克、干鱿鱼1/2只、红辣椒10克、蒜末15克

调味料o

盐1/4小匙、糖少许、鸡粉1/4小匙、酱油1小匙、乌醋1/4小匙

做法o

1. 干鱿鱼用水加少许盐（分量外）浸泡5小时，泡发备用。
2. 鱿鱼去薄膜，洗净切条状；蒜苗洗净切段，分蒜白和蒜尾；红辣椒洗净切斜片备用。
3. 热锅，倒入2大匙油，放入蒜白、红辣椒片和蒜末爆香。
4. 加入鱿鱼条炒匀，加入所有调味料调味，最后加入蒜尾炒匀即可。

芹菜炒鱿鱼

材料o

芹菜3根、干鱿鱼350克、韭菜50克、蒜仁2粒、红辣椒1/2个

调味料o

黄豆酱1大匙、香油1小匙、盐1/6小匙、白胡椒粉1/4小匙

做法o

1. 将干鱿鱼泡入水中2小时，洗净后再用剪刀剪成小段备用。
2. 芹菜洗净切段；韭菜洗净切段；蒜仁和红辣椒洗净切片备用。
3. 取锅，加入少许油烧热，放入做法1、做法2的材料翻炒均匀，再加入调味料略翻炒即可。

Tips.料理小秘诀

建议购买干鱿鱼，回家后直接浸入冷水中泡发。因为水发好的鱿鱼无嚼劲，口感较软。

椒盐鲜鱿鱼

材料o

A 鲜鱿鱼180克、葱2根
蒜仁20克、红辣椒1个
B 玉米粉1/2杯、吉士粉1/2杯

调味料o

A 盐1/4小匙、糖1/4小匙、蛋黄1个
B 白胡椒盐1/4小匙

做法o

1. 把鲜鱿鱼洗净，剪开后去薄膜，在鱿鱼内面交叉斜切花刀后，用厨房纸巾略为吸干水分。
2. 在鱿鱼中加入所有调味料A拌匀；将所有材料B混合成炸粉；葱、蒜仁及红辣椒皆洗净切末。
3. 将鱿鱼两面均匀地沾裹上做法2调匀的炸粉。
4. 热油锅（油量要能盖过鲜鱿鱼），烧热至油温约160℃时，放入鱿鱼以大火炸约1分钟至表皮呈金黄酥脆时，捞出沥干油。
5. 锅底留少许色拉油，以小火爆香葱末、蒜末、红辣椒末，再加入鱿鱼与白胡椒盐，以大火快速翻炒均匀即可。

酥炸鱿鱼头

材料o

鱿鱼头（含须）500克、蒜泥50克

调味料o

盐1大匙、糖1小匙

炸粉o

淀粉200克

做法o

1. 鱿鱼头洗净后沥干切成小条，加入蒜泥、盐及糖拌匀，冷藏腌渍2小时备用。
2. 于腌渍好的鱿鱼头中加入淀粉，拌匀成浓稠状备用。
3. 热一油锅，待油温烧热至约180℃时，将少量鱿鱼头放入，分多次以大火炸约5分钟至表皮成金黄酥脆时，捞出沥干油即可。

Tips.料理小秘诀

因鱿鱼头含水量比较高，若一次全部放入锅中油炸，会使油温下降太快，容易造成表面的面糊脱浆，而不容易炸得酥脆。

蔬菜鱿鱼

材料o

西芹100克、玉米笋40克、黑木耳30克、胡萝卜30克、发泡鱿鱼300克、姜末5克、蒜末10克

调味料o

盐1/4小匙、鸡粉少许、乌醋少许、白胡椒粉少许、香油1/4小匙

做法o

1. 先将发泡鱿鱼剥去外层皮膜，再洗净切小片。
2. 西芹洗净切条；玉米笋洗净切段；黑木耳洗净切片；胡萝卜洗净，削去外皮后切成小片备用。
3. 将做法2的蔬菜放入滚水中汆烫熟，再熄火放入鱿鱼略烫，捞出泡冰水沥干备用。
4. 取一锅，加入1大匙油烧热，放入姜末、蒜末先爆香，再放入做法3的材料和所有调味料拌炒均匀。
5. 将做法4的材料盛盘，待凉后以保鲜膜封紧，放入冰箱中冷藏至冰凉即可。

备注：若不想吃冰的，这道菜也可以热食。

泰式酸辣鱿鱼

材料o

鱿鱼200克、西红柿80克、青椒40克、洋葱60克、柠檬汁2大匙、蒜片20克、罗勒叶10克

调味料o

椰浆50毫升、泰式酸辣汤酱1大匙、糖1小匙

做法o

1. 鱿鱼洗净，切花后切片；西红柿、青椒、洋葱洗净，切小块，备用。
2. 热一炒锅，加入2大匙色拉油，以小火爆香蒜片、西红柿、青椒与洋葱块。
3. 加入100毫升水、酸辣汤酱、椰浆与糖，煮开后续煮约1分钟，接着加入鱿鱼，转中火煮滚后盖上锅盖。
4. 煮约2分钟后关火，接着放入罗勒叶，挤入柠檬汁拌匀即可。

Tips.**料理小秘诀**

柠檬汁一定要最后入锅，而且拌匀即可，若太早放会把柠檬汁的酸香味煮掉，泰式料理就是要有这股酸香才对味。

豉油皇炒墨鱼

材料o

墨鱼2只、葱花2大匙、蒜末1小匙

调味料o

糖1小匙、酱油1大匙、香油1/2小匙、白胡椒粉1/2小匙

做法o

1. 墨鱼清理干净，切花后切片备用。
2. 将墨鱼片放入沸水汆烫后洗净备用。
4. 热锅，倒入1大匙油，加入蒜末、葱花爆香，再加入墨鱼片，以大火炒约1分钟，加入所有调味料炒约2分钟，盛入铺有生菜叶（材料外）的盘中即可。

Tips.**料理小秘诀**

豉油皇是港式料理的一种做法，是使用老抽将食物炒出焦香味，不过也可以用酱油加糖来替代，也会有同样的香味。

三杯鱿鱼

材料o

鲜鱿鱼180克、姜50克、红辣椒2个、罗勒20克

调味料o

胡麻油2大匙、酱油膏2大匙、糖1小匙、米酒2大匙

做法o

1. 鲜鱿鱼洗净切成圈状；姜洗净切片；红辣椒洗净剖半；罗勒挑去粗茎洗净，备用。
2. 鲜鱿鱼放入滚水中汆烫约30秒，即捞出沥干。
3. 热锅，加入胡麻油，以小火爆香姜片及红辣椒，放入鱿鱼圈、2大匙水及其他调味料，以大火煮滚后，持续翻炒至汤汁收干，最后加入罗勒略为拌匀即可。

Tips.料理小秘诀

将鲜鱿鱼先放入滚水中汆烫，再下油锅中翻炒的主要目的是去黏膜，让肉质紧缩，锁住鲜味，口感更好。

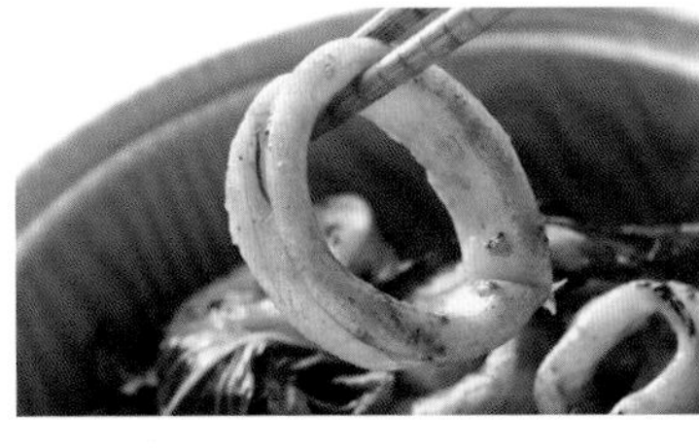

蜜汁鱿鱼

材料o

鱿鱼1只（约350克）、蒜末1小匙、红辣椒1/2个、香菜30克、面粉1大匙

调味料o

糖2大匙、盐1/4小匙、米酒2小匙

做法o

1. 鱿鱼洗净去内脏后，切成片状；红辣椒洗净切斜片，备用。
2. 将鱿鱼片上切花刀后，均匀沾裹上面粉备用。
3. 热一锅，倒入适量油，待油温烧热至170℃时，放入鱿鱼片炸至卷曲且金黄，捞出备用。
4. 锅中留少许油，放入蒜末及红辣椒片爆香后，加入水60毫升、所有调味料煮至汤汁沸腾。
5. 再加入鱿鱼片拌炒均匀，加入香菜即可。

Tips.**料理小秘诀**

海鲜类食材经常会有去皮、去内脏等比较麻烦的处理过程，可以的话尽量在购买的时候就请鱼贩代为处理，一方面可以省去自己处理的步骤，另一方面也可以延长鲜度与保存期限。

西红柿炒鱿鱼

材料o

西红柿120克、鱿鱼150克、葱2根、姜10克、橄榄油1小匙

调味料o

米酒1大匙、酱油1大匙、糖1/2小匙、盐1/4小匙

做法o

1. 西红柿洗净切块；鱿鱼洗净切圈状；葱洗净切段；姜洗净去皮切片备用。
2. 煮一锅水，将鱿鱼汆烫后，捞起沥干备用。
3. 取一不粘锅，加入橄榄油后，爆香葱段、姜片。
4. 放入西红柿块炒软后，放鱿鱼圈快速拌炒，再加入调味料拌炒均匀即可。

Tips.**料理小秘诀**

鱿鱼只要汆烫至表面看起来肉质结实即可迅速捞起。因为烫过的鱿鱼还要放入锅中快炒，如果肉质过熟，会让口感变差，并失去食材本身的鲜甜味。

葱爆墨鱼仔

材料

葱段50克、咸墨鱼仔200克、蒜末20克、红辣椒片5克

调味料

酱油2大匙、米酒1大匙、糖1小匙

做法

1. 咸墨鱼仔用开水浸泡约5分钟，再捞出洗净、沥干水分，备用。
2. 热一锅，加入约200毫升色拉油，烧热至约160℃，放入墨鱼仔以中火炸约2分钟至微焦香后捞出沥油。
3. 锅底留少许油，放入葱段、蒜末及红辣椒片炒香，接着加入墨鱼仔炒香，再加入2大匙水与所有调味料炒至干香即可。

姜丝墨鱼仔

材料

姜丝15克、咸墨鱼仔300克、红辣椒丝10克、葱段10克

调味料

酱油1/2小匙、糖1/4小匙、米酒1大匙

做法

1. 将咸墨鱼仔稍微冲水洗净，沥干备用。
2. 取一油锅，加入2大匙油烧热，放入姜丝、红辣椒丝、葱段先爆香，再放入咸墨鱼仔，拌炒至微干。
3. 放入调味料，炒至入味即可。

香辣墨鱼仔

材料

墨鱼仔3只（约180克）、葱段30克、蒜末20克、红辣椒片15克、熟花生仁50克、淀粉30克

调味料

白胡椒盐20克、糖5克

做法

1. 将墨鱼仔洗净，取出内脏后切成片状，沾裹淀粉。
2. 取炒锅，加入250毫升色拉油烧热至约180℃，将墨鱼仔放入锅中炸至外观呈金黄色，捞起沥油备用。
3. 另取一炒锅，加入15毫升色拉油，放入葱段、蒜末、红辣椒片先爆香，放入墨鱼仔一同快炒后，再加入熟花生仁、白胡椒盐和糖翻炒均匀即可。

麻辣软丝

材料o

软丝100克、蒜仁20克、芹菜50克

调味料o

淀粉4大匙、红辣椒片1小匙、洋葱片1/4小匙、盐1/4小匙、鸡粉1/4小匙

做法o

1. 把软丝洗净、剪开、去皮膜、切丝，将软丝沾裹上淀粉，备用。
2. 芹菜洗净切段，蒜仁切末，备用。
3. 热油锅（油量要能盖过软丝），待油温烧热至约160℃时，放入软丝以大火炸约1分钟至表皮呈金黄酥脆，即可捞出沥油。
4. 锅底留少许油，以小火爆香蒜末及红辣椒片，加入软丝、芹菜段、盐、鸡粉及洋葱片，以大火快速翻炒均匀即可。

酱爆软丝

材料o

软丝500克、蒜苗100克、红辣椒片15克、姜末10克

调味料o

辣豆瓣酱1大匙、酱油1/2大匙、蚝油少许、糖1/2小匙、米酒1大匙

做法o

1. 将软丝洗净，去内脏后切成小片状。
2. 将软丝片放入油锅中过油略炸，再捞出沥油。
3. 取一油锅，加入2大匙油烧热，放入姜末、红辣椒片爆香，加入蒜苗炒香，再放入软丝片、调味料，拌炒均匀即可熄火。
4. 待做法3的材料放凉后，装入保鲜盒中，放入冰箱冷藏至冰凉即可。

备注：这道菜若不想吃凉的，也可以将做法3的材料直接热食。

韭菜花炒墨鱼

材料o

韭菜花200克、墨鱼600克、红辣椒1个、蒜末少许

调味料o

盐1/2小匙、水淀粉1大匙

做法o

1. 将墨鱼除去内脏、外膜、眼嘴等部位后洗净切花；红辣椒洗净切片；韭菜花洗净切成约3厘米长的段后洗净，备用。
2. 取锅装半锅水加热，水滚后，放入墨鱼汆烫后捞出。
3. 取锅烧热后，放入1大匙油，加入红辣椒片、韭菜花段与蒜末，再加入盐，以大火炒约30秒。
4. 加入汆烫好的墨鱼快炒约3分钟，最后加入水淀粉勾芡即可。

翠玉炒墨鱼

材料o

墨鱼2只（约180克）、芦笋120克、红甜椒80克

调味料o

米酒20毫升、盐1/2小匙、白胡椒粉1/4小匙、水淀粉1大匙

做法o

1. 将墨鱼洗净，取出内脏后，剥除外皮，划刀切成花再切片，放入滚水中汆烫备用。
2. 芦笋去皮洗净后，切成约5厘米长的段状；红甜椒洗净切成长条状，一起放入滚水中汆烫备用。
3. 取炒锅烧热，加入色拉油，放入墨鱼片炒到半熟后，加入做法2的材料和米酒、盐、白胡椒粉拌炒至入味后，最后加入水淀粉勾芡即可。

生炒鱿鱼嘴

材料o

龙珠（鱿鱼嘴）300克、胡萝卜50克、沙拉笋80克、蒜苗30克、红辣椒1个、蒜末10克、姜末10克、红薯粉水2大匙

调味料o

A 米酒1大匙、盐1/4小匙、鸡粉1/4小匙、糖1小匙、沙茶酱1小匙、蚝油1小匙

B 白醋或乌醋1小匙

腌料o

盐1/4小匙、糖1/4小匙、米酒1小匙、白胡椒粉1/4小匙、姜片5克、葱段10克

做法o

1. 龙珠洗净，用所有腌料腌好备用。
2. 胡萝卜洗净切块后汆烫；沙拉笋洗净切块；蒜苗、红辣椒洗净，切成小段备用。
3. 取锅烧热后，倒入2大匙油，放入蒜苗段、蒜末、姜末与红辣椒段爆香，续加入龙珠，以大火热炒数下。
4. 放入胡萝卜块、沙拉笋块，倒入米酒，加入300毫升热水，煮滚后再加入剩余的调味料A续炒，煮至汤汁滚沸时，再以红薯粉水勾芡，起锅前淋上适量白醋或乌醋即可。

椒盐鱿鱼嘴

材料o

龙珠（鱿鱼嘴）200克、葱2根、红辣椒1个、蒜仁30克

调味料o

淀粉2大匙、胡椒盐1/2小匙

做法o

1. 把龙珠洗净，沥干；葱洗净切花；红辣椒、蒜仁洗净切末，备用。
2. 起一油锅，热油温至约180℃，将龙珠撒上一些干淀粉，放入油锅中以大火炸约1分钟至表面酥脆即可起锅。
3. 另起一锅，热锅后加入少许色拉油，以小火爆香葱花、蒜末、红辣椒末，再将龙珠入锅，加入胡椒盐，以大火快速翻炒均匀即可。

蒜苗炒海蜇头

材料o

蒜苗2根、海蜇头250克、蒜仁3粒、葱2根、红辣椒1个、水淀粉1大匙

调味料o

辣豆瓣酱1大匙、盐1/6小匙、白胡椒粉1/4小匙、米酒1大匙、香油1小匙

做法o

1. 先将海蜇头洗净，泡入冷水中约2小时去咸味，再切成小块状备用。
2. 蒜苗和葱洗净切斜片；蒜仁和红辣椒洗净切小片，备用。
3. 取一炒锅，加入1大匙色拉油，再放入做法2的材料，以中火先爆香。
4. 续放入海蜇头块和所有的调味料，以大火快速翻炒均匀，再以水淀粉勾薄芡即可。

Tips.料理小秘诀

海蜇皮时常被拿来凉拌，海蜇皮香Q的口感也广受欢迎。海蜇头却因为许多人不知如何料理，所以不常利用，其实海蜇头的售价不仅较便宜，而且口感也不输海蜇皮，用来炒或烩都很适合。

蚝油海参

材料o

海参（泡发）350克、干香菇6朵、上海青300克、胡萝卜30克、葱2根、姜1小块

调味料o

A 蚝油1.5大匙、酱油1大匙、糖1/2小匙、高汤200毫升

B 香油1小匙、水淀粉1大匙

做法o

1. 葱洗净切段；姜洗净切片；胡萝卜洗净切片，备用。
2. 干香菇洗净，浸泡冷水至软后切半，放入适量油，将香菇炸至溢出香味，捞出备用。
3. 海参去沙肠切块洗净，汆烫去腥备用。
4. 另取锅烧水至沸腾后加入盐（分量外），再放入洗净的上海青汆烫至熟后，捞出摆盘。
5. 热一锅，加入1大匙油，将做法1的材料爆香后，加入海参块、香菇及调味料A，转小火焖煮约15分钟，再以水淀粉勾芡，淋入香油，最后盛到上海青上即可。

红烧海参

材料o

海参200克、竹笋片40克、胡萝卜片30克、上海青200克、葱2支、姜片10克

调味料o

A 高汤200毫升、鸡粉1/4小匙、糖1/4小匙、蚝油2大匙、胡椒粉1/4小匙

B 水淀粉1大匙、香油1小匙

做法o

1. 海参洗净后切大块，与竹笋片、胡萝卜片一起汆烫后冲凉；葱洗净切段；上海青洗净烫熟后铺在盘边装饰，备用。
2. 热锅，倒入少许油，以小火爆香葱段、姜片后，加入调味料A及其余做法1的材料。
3. 待煮沸约30秒，以水淀粉勾芡，起锅前洒上香油即可。

海鲜炒面

材料o

A 油面250克、葱段20克、洋葱丝25克、上海青段50克、红辣椒片10克
B 鱿鱼片60克、蛤蜊6颗、虾仁60克、鱼板片20克

调味料o

酱油1小匙、盐1/2小匙、糖1/4小匙、米酒1大匙、乌醋1小匙

做法o

1. 热锅，加入2大匙色拉油，放入葱段、洋葱丝爆香，再放入所有材料B拌炒匀。
2. 锅中续加入油面、上海青段、红辣椒片、100毫升热水及所有调味料，快炒均匀入味即可。

Tips.料理小秘诀

面条有很多种，虽然说都可以拿来制作炒面，但挑选不同的面条，炒出来的口感和所需的时间都不一样，使用熟面条如油面和乌龙面等，可以节省很多煮面的时间。

酥炸墨鱼丸

材料o

墨鱼头80克、鱼浆80克、白馒头30克、鸡蛋1个

调味料o

盐1/4小匙、糖1/4小匙、白胡椒粉1/4小匙、香油1/2小匙、淀粉1/2小匙

做法o

1. 墨鱼洗净切小丁，吸干水分，备用。
2. 白馒头泡水至软，挤去多余水分，备用。
3. 将做法1、做法2的材料加入鱼浆、鸡蛋和所有调味料混合搅拌匀，挤成数颗丸子状，再放入油锅中以小火炸约4分钟至金黄浮起，捞出沥油后盛盘即可。

Tips.料理小秘诀

选用墨鱼头来制作，会比选用整只墨鱼制作更便宜，同时加入鱼浆及馒头丁更增加分量，口感也会更有弹性喔！

沙茶鱿鱼

材料

鱿鱼300克、蒜仁15克、嫩姜15克、红辣椒1个、罗勒30克、红薯粉水2大匙

调味料

A 米酒1大匙、盐1/4小匙、鸡粉1/3小匙、糖1/2小匙、蚝油1/3大匙、白胡椒粉少许

B 沙茶酱1大匙

做法

1. 将处理好的鱿鱼洗净切花片备用。
2. 将蒜仁洗净去皮切片；嫩姜、红辣椒洗净皆切片；罗勒取嫩的部分备用。
3. 取锅烧热后倒入2大匙油，将蒜片、姜片与红辣椒片爆香，再放入鱿鱼片以大火快炒数下，续放入罗勒、米酒拌炒，再倒入热水300毫升。
4. 放入剩余的调味料A，煮至汤汁滚沸时，加入红薯粉水勾芡，起锅前加入沙茶酱拌匀即可。

三鲜煎饼

材料o

鱿鱼50克、牡蛎50克、葱花15克、小白菜100克、中筋面粉70克、红薯粉60克、蛋液1/2个

调味料o

盐1/4小匙、鸡粉1/4小匙、白胡椒粉少许

做法o

1. 鱿鱼洗净切片；虾仁洗净去肠泥；牡蛎洗净沥干；小白菜洗净切段，备用。
2. 中筋面粉、红薯粉过筛，再加入140毫升水及蛋液一起搅拌均匀成糊状，静置约30分钟，再加入所有调味料、葱花、做法1的配料拌匀，即为三鲜面糊，备用。
3. 取一平底锅加热，倒入适量色拉油，再加入三鲜面糊，用小火煎至两面皆金黄熟透即可。（食用时搭配五味酱风味更佳。）

五味酱

材料：

蒜末5克、姜末5克、葱末5克、红辣椒末5克、香菜末5克

调味料：

酱油膏4大匙、番茄酱2大匙、乌醋1/2大匙、糖1大匙

做法：

先将2大匙热开水与糖拌匀，再加入其余调味料拌匀，最后加入所有材料混合拌匀即可。

辣味章鱼煎饼

面糊材料o

中筋面粉90克、玉米粉30克

配料o

章鱼块100克、包心菜片150克、玉米粒30克、葱花25克、洋葱末15克

调味料o

辣椒酱1大匙、盐1/4小匙、柴鱼粉1/4小匙、味醂1小匙

做法o

1. 中筋面粉、玉米粉过筛，再加入150毫升水一起搅拌均匀成糊状，静置约40分钟，备用。
2. 于做法1的材料中加入所有调味料及所有配料拌匀，即为辣味章鱼面糊，备用。
3. 取一平底锅加热，倒入适量色拉油，再加入辣味章鱼面糊，用小火煎至两面皆金黄熟透即可。

墨鱼芹菜煎饼

面糊材料o

低筋面粉80克、糯米粉20克、红薯粉30克

配料o

墨鱼片120克、芹菜末50克、蒜苗丝40克、红辣椒丝10克、胡萝卜丁15克

调味料o

盐1/4小匙、糖1小匙、白胡椒粉1/4小匙、乌醋1小匙

做法o

1. 胡萝卜丁放入沸水中汆烫一下，再放入墨鱼汆烫一下，捞出备用。
2. 低筋面粉、糯米粉、红薯粉过筛，再加入160毫升水一起搅拌均匀成糊状，静置约40分钟，备用。
3. 于做法2的材料中加入所有调味料及所有配料拌匀，即为墨鱼芹菜面糊，备用。
4. 取一平底锅加热，倒入适量色拉油，再加入墨鱼芹菜面糊，用小火煎至两面皆金黄熟透即可。

豆酱烧墨鱼仔

材料o

墨鱼仔200克、红辣椒1个、姜20克、葱1根

调味料o

黄豆酱1大匙、糖1小匙、米酒1大匙

做法o

1. 墨鱼仔洗净，挖去墨管，沥干；红辣椒洗净切丝；姜洗净切末；葱洗净切丝，备用。
2. 热锅，加入少许色拉油，以小火爆香红辣椒丝、姜末后，放入50毫升水及所有调味料，待煮滚后放入墨鱼仔。
3. 等做法2的材料煮滚后，转中火煮至汤汁略收干，即可关火装盘，最后撒上葱丝即可。

卤墨鱼

材料○

墨鱼1只、姜片3片、葱段15克、红辣椒1个、生菜叶适量

调味料○

酱油100毫升、米酒50毫升、糖1/2大匙

做法○

1. 墨鱼洗净备用。
2. 取一卤锅，放入姜片、葱段、红辣椒、900毫升水和所有调味料煮至滚沸，再放入墨鱼以小火卤约8分钟，熄火待凉后取出切片。
3. 将墨鱼片放回卤汁中，待泡至入味后，取出沥干备用。
4. 取一盘，铺上生菜叶，再放入墨鱼片、红辣椒丝（分量外）装盘即可。

西红柿煮墨鱼

材料○

西红柿1个、墨鱼2只、洋葱1/8个、小黄瓜50克、水淀粉1.5小匙

调味料○

糖1小匙、盐1/2小匙、番茄酱1大匙

做法○

1. 墨鱼清理干净切花切块，再汆烫后洗净备用。
2. 洋葱、小黄瓜洗净切片；西红柿洗净切滚刀块，备用。
3. 热锅，倒入2大匙油，加入蒜末及做法2的材料，以小火炒约1分钟，再加入墨鱼片、3大匙水及所有调味料，以中火炒2分钟后，以水淀粉勾芡即可。

酸菜墨鱼

材料

酸菜150克、墨鱼300克、包心菜120克、葱1根、蒜末10克、姜末10克、红辣椒末5克、红薯粉水1.5大匙

调味料

盐1/4小匙、鸡粉1/2小匙、糖2小匙、白醋1小匙、乌醋1小匙、白胡椒粉1/4小匙、香油1小匙

做法

1. 将处理好的墨鱼洗净切成花片；酸菜、包心菜洗净切块；葱洗净切段，分为葱白与葱绿备用。
2. 锅中放进一半的水加热煮滚，将酸菜、包心菜块略为汆烫后捞起备用。
3. 取锅烧热后倒入1大匙油，将蒜末、姜末与葱白爆香，再放入墨鱼片以大火热炒数下。
4. 放入汆烫后的酸菜与包心菜块，以及红辣椒末与葱绿略为拌炒。
5. 加入350毫升热水，放进所有调味料，煮至汤汁滚沸时，以红薯粉水勾芡即可。

菠萝墨鱼

材料

菠萝150克、墨鱼300克、黑木耳40克、红甜椒80克、葱1根、蒜末10克、水淀粉1.5大匙

调味料

盐1/2小匙、鸡粉1/2小匙、糖1大匙、白醋1/2大匙、番茄酱1/3大匙、香油1小匙

做法

1. 将处理好的墨鱼洗净切花片备用。
2. 菠萝洗净去皮切片；黑木耳洗净切片；红甜椒洗净去籽切块；葱洗净切粒，分成葱白与葱绿备用。
3. 取锅烧热后倒入2大匙油，将葱白、蒜末爆香，再放入墨鱼片、菠萝片、黑木耳片与红甜椒块，以大火热炒数下。
4. 加入350毫升热水，放进所有调味料，煮至汤汁滚沸时，再以水淀粉勾芡，加入葱绿后，熄火即可。

四季豆墨鱼仔煲

材料○

四季豆300克、墨鱼仔350克、花豆60克、洋葱30克、胡萝卜20克、鲜香菇20克、红辣椒末10克、蒜仁30克

调味料○

盐1小匙、糖1大匙、酱油1小匙、香油1大匙、白胡椒粉1小匙

做法○

1. 墨鱼仔洗净去除头及内脏，切圈段；胡萝卜、洋葱洗净去皮切丁；四季豆洗净切小段；鲜香菇洗净切丁，备用。
2. 将胡萝卜丁及花豆放入水中（分量外）煮熟，取出沥干备用。
3. 热锅，倒入适量油，放入洋葱丁、鲜香菇丁、红辣椒末、蒜仁爆香，再放入墨鱼仔圈、四季豆段炒匀。
4. 加入胡萝卜丁、花豆、200毫升水及所有调味料炒匀，移入砂锅中，转小火焖煮至汤汁略收干即可。

酸辣鱿鱼煲

材料o

泡发鱿鱼300克、酸菜60克、肉泥80克、粉条150克、葱段20克、蒜末20克、红辣椒片20克、水淀粉2大匙

调味料o

糖1大匙、酱油2大匙、米酒1大匙、香油1大匙、镇江醋1大匙

做法o

1. 泡发鱿鱼、酸菜切片；粉条泡水至软，备用。
2. 热锅，倒入适量油，放入肉泥、葱段、蒜末、红辣椒片爆香，放入鱿鱼片、酸菜片、500毫升水及所有调味料炒匀，捞起所有材料，留汤汁备用。
3. 将汤汁倒入砂锅中，加入粉条煮至略收汁，加入所有捞起的材料，再淋上水淀粉勾芡即可。

宫保墨鱼煲

材料o

墨鱼250克、洋葱40克、小黄瓜30克、杏鲍菇100克、蒜仁30克、干辣椒段50克、蒜味花生仁20克、水淀粉2大匙

调味料o

糖1大匙、酱油2大匙、香油1大匙、镇江醋1大匙

做法o

1. 墨鱼洗净去内脏切片；洋葱洗净去皮切块；小黄瓜、杏鲍菇洗净切块，备用。
2. 墨鱼、杏鲍菇放入沸水中烫熟备用。
3. 热锅，倒入适量油，放入干辣椒段、蒜仁、洋葱爆香，加入墨鱼、杏鲍菇、小黄瓜、50毫升水及所有调味料炒匀。
4. 以水淀粉勾芡后，移入烧热的砂锅中，撒上蒜味花生仁拌匀即可。

酸甜鱿鱼羹

材料o

鱿鱼300克、蒜末10克、葱段10克、红辣椒末10克、泡菜200克、水淀粉1.5大匙、油葱酥10克

调味料o

盐1/4小匙、鸡粉1/4小匙、糖1大匙、白醋1大匙、乌醋1/2大匙、辣椒酱1/2大匙

做法o

1. 将处理好的鱿鱼洗净切片备用。
2. 取锅烧热后倒入1大匙油，将蒜末、葱段、红辣椒末爆香。
3. 倒入水350毫升煮滚后，加入鱿鱼片、泡菜再度煮滚，续放入所有调味料，煮至汤汁滚沸时，加入水淀粉勾芡。
4. 熄火，加入油葱酥拌匀即可。

韩国鱿鱼羹

材料

泡发鱿鱼1只、香菇3朵、金针菇30克、干金针花10克、胡萝卜丝50克、柴鱼片8克、油蒜酥10克、高汤2000毫升、香菜叶少许、水淀粉125毫升

调味料

盐1.5小匙、糖1小匙、鸡粉1/2小匙、辣椒油少许

做法

1. 泡发鱿鱼洗净，头部切成小段，身体部分先以刀斜45°对角方向切出花纹，再切成小片状备用。
2. 香菇洗净泡软后，切丝状；金针菇去蒂后洗净；干金针花泡软洗净后去蒂。将上述材料和胡萝卜丝一起放入滚水中略汆烫至熟，捞起放入盛有高汤的锅中，以中大火煮至滚沸，再加入盐、糖、鸡粉、柴鱼片、油蒜酥及鱿鱼片，续以中大火煮至滚沸。
3. 将水淀粉缓缓淋入做法2的材料中，并一边搅拌至完全淋入，待再次滚沸后盛入碗中，趁热撒上香菜叶并淋上辣椒油即可。

Tips.料理小秘诀

韩国鱿鱼羹使用的泡发鱿鱼最好是买干鱿鱼回来自己泡发，使用刚发好的鱿鱼来做会比市场买的水发鱿鱼味道更好，吃起来更香脆。干鱿鱼的泡发方法是先将头部和身体分开，在清水里浸泡6小时，其间需换水2次；接着再取10克食用碱粉与2000毫升清水调匀，再放入鱿鱼浸泡4小时，每小时需翻面1次；最后以清水冲洗约1小时即可。

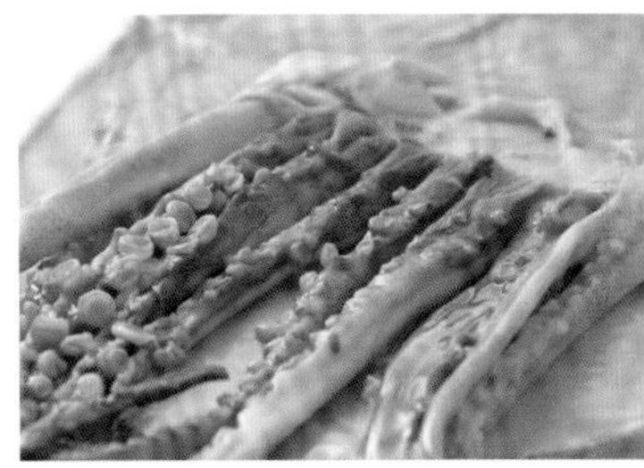

豆豉汁蒸墨鱼

材料o

墨鱼140克、青椒5克、黄甜椒5克、洋葱5克

调味料o

豆豉汁2大匙

做法o

1. 墨鱼洗净后去膜去软骨，先切十字刀再切块；青椒、黄甜椒洗净后切小块；洋葱剥皮后切小块。
2. 将做法1的材料混合，放入蒸盘中，淋上调味料。
3. 取一中华炒锅，加入适量水，放上蒸架，将水煮至滚。
4. 将做法2的蒸盘放在做法3的蒸架上，盖上锅盖以大火蒸约10分钟即可。

● 豆豉汁 ●

材料：

豆豉50克、姜30克、蒜仁30克、红辣椒10克、蚝油2大匙、酱油1大匙、米酒3大匙、糖2大匙、白胡椒粉1小匙、香油2大匙

做法：

（1）姜洗净切末；蒜仁洗净切末；红辣椒洗净切末备用。

（2）取一锅，将其余材料加入，再放入做法1的材料拌匀，煮至滚沸即可。

香蒜沙茶鱿鱼

材料o

鱿鱼140克、姜丝10克、红辣椒末10克

调味料o

香蒜沙茶酱2大匙

做法o

1. 鱿鱼洗净后去膜和软骨，先切十字刀，再切成块。
2. 将鱿鱼块放入蒸盘上，淋上调味料。
3. 取一中式炒锅，加入适量水，放上蒸架，将水煮至滚。
4. 将做法2的蒸盘放在做法3的蒸架上，盖上锅盖以大火蒸约5分钟。
5. 做法4的材料取出后，摆上红辣椒末和姜丝，淋上适量热油即可。

香蒜沙茶酱

材料：

蒜仁50克、沙茶酱200克、糖1大匙、白胡椒粉1小匙、米酒2大匙

做法：

（1）蒜仁洗净切末。

（2）取一锅，加入蒜末和其余调味料，混合煮滚即可。

蒜泥小章鱼

材料o

蒜泥50克、小章鱼8只（约120克）、豆腐1块、葱末20克、红辣椒末10克、色拉油1大匙、香油1小匙

调味料o

鱼露50毫升

做法o

1. 小章鱼洗干净，沥干备用。
2. 豆腐略冲水，分切成四方小块，铺在盘底。
3. 将小章鱼铺在豆腐块上，再淋上鱼露、蒜泥，盖上保鲜膜，放入电锅中，外锅加入1/3杯水，至开关跳起后取出。
4. 在小章鱼上，放上葱末和红辣椒末，再淋上色拉油和香油混合后的热油即可。

彩椒蛋黄镶鱿鱼

材料o

红甜椒10克、黄甜椒10克、压碎的咸鸭蛋黄2个、鱿鱼1只（约350克）、四季豆丁20克、牙签3支

调味料o

盐1/2小匙、白胡椒粉1/4小匙、香油1小匙

做法o

1. 鱿鱼先去头，再将内脏取出，洗净沥干备用。
2. 红甜椒、黄甜椒洗净切小丁状备用。
3. 取一容器，放入四季豆丁、压碎的咸鸭蛋黄和红甜椒丁、黄甜椒丁混合拌均匀。
4. 将做法3的所有材料慢慢填入鱿鱼内，再使用牙签封口备用。
5. 将塞好的鱿鱼放入蒸锅中，以小火蒸约10分钟，取出切片盛盘即可。

和风墨鱼卷

材料○

墨鱼150克、西芹20克、姜10克、胡萝卜10克、茭白50克、葱10克

调味料○

和风酱3大匙

做法○

1. 墨鱼洗净，去皮膜及软骨，切波浪刀，再切块状。
2. 西芹洗净去粗茎，切段；胡萝卜洗净削去外皮后切片；茭白洗净切片；葱洗净切段，备用。
3. 将做法2的材料放入滚水中，略为汆烫，捞起沥干水分，再和墨鱼块混合，放入蒸盘中，淋上调味料。
4. 取一中式炒锅，加入适量水，放上蒸架，将水煮至滚。
5. 将做法3的蒸盘放在做法4的蒸架上，盖上锅盖以大火蒸约7分钟即可。

和风酱

材料：

日式酱油3大匙、味醂2大匙、米酒1大匙

做法：

取一锅，将所有材料加入，混合均匀，煮至滚沸即可。

胡椒烤鱿鱼

材料o

新鲜鱿鱼2只

调味料o

粗胡椒粒1/4小匙、酱油1/4小匙

做法o

1. 新鲜鱿鱼处理完毕，剪开身体；粗胡椒粒压碎，备用。
2. 烤箱预热至180℃，放入鱿鱼烤约10分钟至熟（烤至一半打开烤箱刷上酱油）。
3. 取出鱿鱼，撒上粗胡椒碎即可。

蒜蓉烤海鲜

材料o

墨鱼圈100克、鲷鱼片100克、蛤蜊4个、白虾4只、蒜末1/2大匙、罗勒叶适量

调味料o

盐1/4小匙、米酒1/2大匙

做法o

1. 鲷鱼片洗净切适当大小的片状；蛤蜊浸水吐沙；白虾洗净去除头及壳留尾，备用。
2. 取1张铝箔纸，放入做法1的所有材料、墨鱼圈、蒜末，加入所有调味料，将铝箔纸包起备用。
3. 烤箱预热至180℃，放入做法2的材料烤约5分钟至熟后取出。
4. 打开铝箔纸，加入罗勒叶，再包上铝箔纸焖一下，至罗勒叶变软即可。

Tips.料理小秘诀

因为材料中就带有汤汁，食材在烤的过程中就不会粘黏，因此铝箔纸上就不用涂上色拉油了，以免过于油腻。

沙茶烤鱿鱼

材料o

鱿鱼1只、蒜苗2根、蒜仁2粒、红辣椒1/2个

调味料o

沙茶酱2大匙、盐1/6小匙、白胡椒粉1/4小匙

做法o

1. 鱿鱼洗净沥干，在鱿鱼身上划数刀，放入烤盘中备用。
2. 将蒜苗、蒜头和红辣椒洗净切碎末，和所有调味料一起放入容器中混合拌匀，均匀抹在鱿鱼上。
3. 将做法2的材料放入已预热的烤箱中，以上火190℃、下火190℃烤约15分钟即可。

Tips.料理小秘诀

鱿鱼烤了容易弯曲，所以除了软骨不刻意取出，可插入竹签固定烤出的外型。另外在鱿鱼尾部划上几刀，也可让烤出的尾部形状略卷曲，外观较好看。

蒜味烤鱿鱼

材料o

鱿鱼3只、柠檬1个

调味料o

蒜味烤肉酱适量

做法o

1. 鱿鱼洗净，从身体垂直剖开，清除内脏后，将鱿鱼摊平；柠檬切瓣，备用。
2. 将鱿鱼放入沸水中汆烫约30秒，捞起以竹签串起。
3. 将鱿鱼平铺于网架上以中小火烤约12分钟，并涂上适量的蒜味烤肉酱。
4. 食用时，将柠檬瓣挤汁淋在烤好的鱿鱼上即可。

蒜味烤肉酱

材料：

蒜仁40克、酱油膏100克、五香粉1克、姜10克、冷开水20毫升、米酒20毫升、黑胡椒粉2克、糖25克

做法：

将所有材料放入果汁机内打成泥状即可。

Tips.料理小秘诀

因为鱿鱼肉质厚，烤鱿鱼时可以先行汆烫，加快烤熟的速度，但千万别汆烫过久，否则鱿鱼肉质会变硬，且会卷曲起来，反而不容易烤。

沙拉海鲜

材料o

墨鱼150克、虾仁150克、鲷鱼150克、文蛤150克、美生菜50克、豆芽30克、苜蓿芽30克、小西红柿3个、柠檬皮少许

调味料o

盐1/2小匙、柠檬汁2大匙、白酒醋1大匙、胡椒粉少许、橄榄油1大匙

做法o

1. 墨鱼洗净切片；虾仁洗净去肠泥，背部轻划一刀，备用。
2. 鲷鱼洗净切片；文蛤浸泡冷水吐沙，备用。
3. 将做法1的材料放入已预热的烤箱中，以200℃烤约10分钟后，取出备用。
4. 将所有调味料混拌均匀，加入少许柠檬皮。
5. 将美生菜、豆芽、苜蓿芽、小西红柿洗净装盘，放进做法3的海鲜，淋上做法4的酱汁即成。

白灼墨鱼

材料o

墨鱼2只、姜10克、葱15克、红辣椒少许

调味料o

盐1/4小匙、糖1/4小匙、酱油2大匙、鸡粉1/4小匙

做法o

1. 墨鱼清理干净，切花后切片；葱、姜、红辣椒洗净切丝，备用。
2. 将2大匙冷开水与所有调味料混合成鱼汁备用。
3. 将墨鱼汆烫至熟，盛入铺有生菜叶（材料外）的盘中，撒上姜丝、葱丝、红辣椒丝，蘸上鱼汁食用即可。

Tips.料理小秘诀

墨鱼切花后汆烫要卷得漂亮，可从墨鱼的内侧切花，汆烫就能卷起，如果从外侧切花，汆烫后卷曲度不明显，可以视个人需求决定。

凉拌墨鱼

材料o

墨鱼2只（约180克）、芹菜段60克、小西红柿50克、蒜末20克、香菜末10克、红辣椒末5克

调味料o

鱼露30毫升、糖10克、柠檬汁20毫升

做法o

1. 将墨鱼洗净，取出内脏后，剥除外皮，切成圈状，放入滚水中汆烫；小西红柿洗净对切备用。
2. 取1个大容器，将所有调味料先混合拌匀后，再加入墨鱼、芹菜段、小西红柿、蒜末、香菜末和红辣椒末混合拌匀即可。

五味章鱼

材料o

小章鱼200克、姜8克、蒜仁10克、红辣椒1个

调味料o

番茄酱2大匙、乌醋1大匙、酱油膏1小匙、糖1小匙、香油1小匙

做法o

1. 把姜、蒜仁、红辣椒洗净切末，再与所有调味料拌匀即为五味酱。
2. 小章鱼放入滚水中汆烫约10秒后，即捞起装盘，食用时佐以五味酱即可。

台式凉拌什锦海鲜

材料o

鱿鱼圈120克、海参1条、蛤蜊10粒、虾仁10只、黑木耳丝50克、小黄瓜丝50克、小西红柿50克、葱1根、姜片2片

调味料o

米酒5毫升、酱油20毫升、糖5克、盐1/6小匙、香油10毫升、白胡椒粉1/4小匙

做法o

1. 取一汤锅，加入海参、姜片、米酒及可淹过食材的水，一起煮约6分钟去除腥味，再将海参取出以斜刀切片备用。
2. 蛤蜊用加了盐的冷水泡1~2小时吐沙，再捞起放入滚水中煮至开口后捞出备用。
3. 虾仁、鱿鱼圈分别用滚水汆烫，再取出泡冰水；黑木耳丝用滚水汆烫、捞起沥干；小西红柿洗净对切；葱洗净、切丝备用。
4. 取一调理盆，将做法1、做法2、做法3的所有海鲜材料、黑木耳丝、小黄瓜丝、葱丝及其余调味料一起放入，混合拌匀，盛盘即可。

醋味拌墨鱼

材料o

墨鱼1只、芹菜2根、姜7克、葱2根

调味料o

白醋酱适量

做法o

1. 将墨鱼洗净去内脏，切成小圈状，放入滚水中汆烫捞起备用。
2. 将芹菜与葱洗净切段，姜洗净切丝，都放入滚水中汆烫过水备用。
3. 将做法1、做法2的所有材料搅拌均匀，再淋入白醋酱即可。

白醋酱

材料：

糯米醋3大匙、糖1小匙、盐1小匙、黑胡椒粉1/2小匙

做法：

将所有材料混合均匀，至糖完全溶解即可。

水煮鱿鱼

材料o

水发鱿鱼1只、新鲜罗勒3根

调味料o

芥末酱油适量

做法o

1. 首先将水发鱿鱼切成交叉划刀，再切成小段状备用。
2. 将切好的鱿鱼段放入滚水中，汆烫过水后捞起沥干，拌入新鲜罗勒摆盘备用。
3. 食用时再搭配芥末酱油即可。

备注：不敢吃芥末的人，可以改蘸沙茶酱。

芥末酱油

材料：

芥末酱1小匙、酱油2大匙

做法：

将所有材料混合均匀即可。

糖醋鱿鱼丝

材料o

鱿鱼肉100克、小黄瓜80克、红辣椒丝8克、蒜末5克、姜丝10克

调味料o

糖1大匙、白醋1大匙、番茄酱2小匙、香油1大匙

做法o

1. 鱿鱼肉洗净切丝；小黄瓜洗净切丝备用。
2. 将鱿鱼丝放入沸水中氽烫30秒，捞起沥干放凉后盛入碗中。
3. 加入小黄瓜丝、红辣椒丝、蒜末、姜丝和所有的调味料混合拌匀即可。

姜醋鱿鱼

材料o

姜1小块、姜丝适量、干鱿鱼1只、葱1根

调味料o

白醋1/2大匙、乌醋1大匙、姜泥1大匙、酱油1大匙、酱油膏2大匙、糖1/2大匙

做法o

1. 将2大匙冷开水与所有调味料混合搅拌均匀，即为姜醋汁备用。
2. 干鱿鱼放入容器中，加入可淹过鱿鱼的水及少许盐（材料外），搅拌均匀后浸泡约8小时，再捞出洗净备用。
3. 将鱿鱼切小片状；葱洗净切段；姜洗净切片，备用。
4. 取一锅，加入半锅水，放入葱段、姜片煮滚，再加入鱿鱼片略氽烫。
5. 沥干鱿鱼片后盛盘，放入姜丝，淋上姜醋汁即可。

泰式凉拌墨鱼

材料

墨鱼身300克、柠檬1/2个、洋葱丝30克、胡萝卜丝50克、姜丝20克、蒜泥20克、香菜少许

调味料

鱼露2小匙、糖2小匙、泰式辣味鸡酱1大匙

做法

1. 将墨鱼身洗净切成花状，再用沸水汆烫约2分钟后，过冰水，沥干水分备用。
2. 柠檬挤汁，再将挤完汁的柠檬切成小丁状，放入碗中，加入烫好的墨鱼身、洋葱丝、胡萝卜丝、姜丝、蒜泥、鱼露、糖及泰式辣味鸡酱，并搅拌数分钟，腌一下放入冷藏室约30分钟。
3. 食用时再撒上少许洗净的香菜即可。

泰式凉拌鱿鱼

材料

中型鱿鱼1只（约200克）、青椒圈15克、洋葱圈20克、西红柿片15克、红辣椒末5克、蒜末5克

调味料

鱼露50毫升、柠檬汁50毫升、橄榄油150毫升

做法

1. 将鱿鱼洗净切成0.2厘米宽的圈状，放入滚水中汆烫至熟，取出泡入冰开水中至凉，捞起沥干备用。
2. 取一碗，放入所有调味料与红辣椒末、蒜末一起拌匀成淋酱备用。
3. 将鱿鱼及青椒圈、洋葱圈、西红柿片摆盘后，均匀淋上淋酱即可。

泰式鲜蔬墨鱼

材料o

墨鱼200克、小西红柿5个、新鲜蘑菇20克、玉米笋3根、蒜末10克、红辣椒末10克、红葱头片15克

调味料o

柠檬汁20毫升、鱼露50毫升、糖20克、酱油1小匙

做法o

1. 墨鱼洗净切片，放入滚水中汆烫至熟，以冷开水冲凉，捞起；小西红柿洗净后对切，备用。
2. 新鲜蘑菇洗净，切片；玉米笋洗净后斜切小段；将鲜蘑菇片与玉米笋段皆汆烫后捞起，备用。
3. 取一碗，将所有调味料混匀成酱汁备用。
4. 取一调理盆，放入做法1、做法2的材料与其余材料及酱汁，搅拌均匀后盛盘即可。

泰式辣拌小章鱼

材料o

小章鱼200克、葱花20克、莴苣叶3片、蒜末10克、红辣椒末1/2小匙、红葱头片30克

调味料o

柠檬汁20毫升、鱼露50毫升、糖20克

做法o

1. 小章鱼洗净后放入滚水中汆烫至熟，以冷开水冲凉，捞起备用。
2. 莴苣叶洗净，切粗丝备用。
3. 取一碗，放入所有调味料混合均匀成酱汁备用。
4. 取一调理盆，将做法1、做法2的材料及其余的材料放入碗中，再与酱汁一起拌匀盛盘即可。

意式海鲜沙拉

材料o

鲜虾6只、墨鱼1只、蛤蜊10粒、蟹肉100克、红甜椒丝适量、巴西里碎1大匙、酸豆20克

调味料o

橄榄油2大匙、白酒醋1大匙、盐1/2小匙、白胡椒粉1/4小匙

做法o

1. 鲜虾去壳，挑去沙肠后洗净；墨鱼洗净，切圈状；蛤蜊洗净，剥开备用。
2. 将所有做法1的材料及蟹肉装盘，撒上适量盐、白胡椒粉，一起放入蒸锅中蒸至熟。
3. 巴西里碎、酸豆、橄榄油、白酒醋及适量盐、白胡椒粉一起搅拌均匀，再加入红甜椒丝拌匀，最后加入蒸熟的海鲜材料一起拌匀后盛盘即可。

萝卜墨鱼蒜香沙拉

材料o

墨鱼片120克、白萝卜丝150克、葱丝100克、苜蓿芽50克

调味料o

蒜末5克、白胡椒粉1/2小匙、酱油25毫升、柠檬汁20毫升、色拉油2大匙

做法o

1. 墨鱼片放入滚水中汆烫，再取出泡入冰水中至凉，捞起备用。
2. 白萝卜丝和葱丝放入冷开水中浸泡，使其保持清脆口感，再捞起沥干水分备用。
3. 取一调理盘，倒入蒜末及其余调味料，一起充分拌匀成酱汁备用。
4. 另取一调理盆，放入做法1和做法2的材料混合后盛盘，再放上苜蓿芽装饰，食用前淋上酱汁，拌匀即可。

梅酱淋鱿鱼

材料o

鱿鱼300克、姜片30克、姜末20克、米酒1大匙

调味料o

泰式梅酱1大匙（做法请见P115）、鱼露1小匙、柠檬汁少许

做法o

1. 鱿鱼洗净去膜及内脏，切成约1厘米宽的鱿鱼圈。
2. 取一锅，加适量水，加入姜片、米酒，将水煮沸，将鱿鱼圈下锅汆烫约1分钟后取出，过冰水备用。
3. 泰式梅酱加入姜末、鱼露拌匀。
4. 将鱿鱼圈置于盘内，淋上调好的泰式梅酱，放上2片柠檬（材料外）即完成。食用时，可以加入少许柠檬汁，增加香气。

凉拌海蜇皮

材料o

海蜇皮300克、胡萝卜30克、小黄瓜50克、蒜末10克、红辣椒末10克、香菜少许

调味料o

盐1/2小匙、鸡粉1/4小匙、糖1小匙、香油1小匙、白醋1小匙

做法o

1. 海蜇皮用清水浸泡约1小时，捞出放入沸水中汆烫一下，捞出沥干备用。
2. 胡萝卜洗净切丝；小黄瓜洗净切丝，加入1/2小匙盐，腌约10分钟，再用冷开水冲洗沥干，备用。
3. 将海蜇皮、小黄瓜丝、胡萝卜丝、蒜末、红辣椒末及其余调味料混合拌匀，放入冰箱冰凉后取出，加入香菜即可。

贝类料理篇

文蛤、蚬和海瓜子，还有大多数人爱吃的牡蛎、干贝，都是现在市场上很容易买到的贝类。不论是吃火锅、烧烤、热炒，还是小吃，都可以见到这些贝类的踪迹，尤其是许多海鲜餐厅，更是将牡蛎、干贝列为高级食材。

贝类有着好吃、易熟的特点，但是因为其生长环境的关系，壳里很容易会夹带着细沙而影响美味，因此料理前的处理步骤可以说是相当重要。要如何才能将贝类料理做好？赶紧跟着大厨学私房料理秘诀，轻松上菜吧！

怎么挑选新鲜贝类

Step 1

观察贝类在水中的样子，如果在水中壳微开，且会冒出气泡，再拿出水面，壳就会立刻紧闭，就是很新鲜的状态。不新鲜的贝类放在水中没有气泡冒出，且拿出水面后，壳无法闭合。

Step 2

观察其外壳有无裂痕、破损。正常来说若没受外力撞击，新鲜贝类的外壳应该是完整无缺的。

Step 3

拿2个互相轻敲，新鲜的贝类应该呈现清脆的声音。若声音沉闷，就表示贝类已经不新鲜了，不宜购买。

牡蛎完美清洗技术大公开

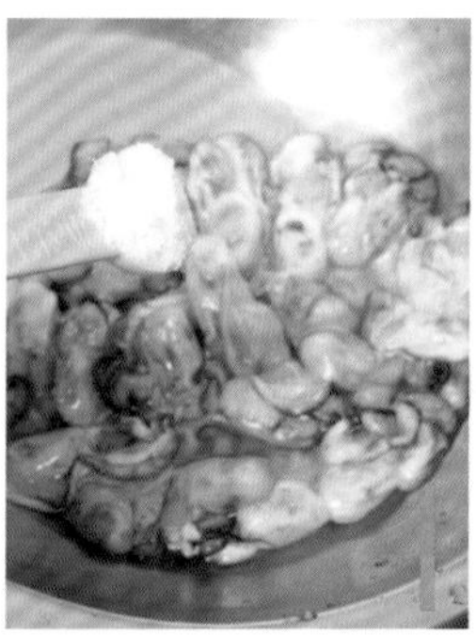

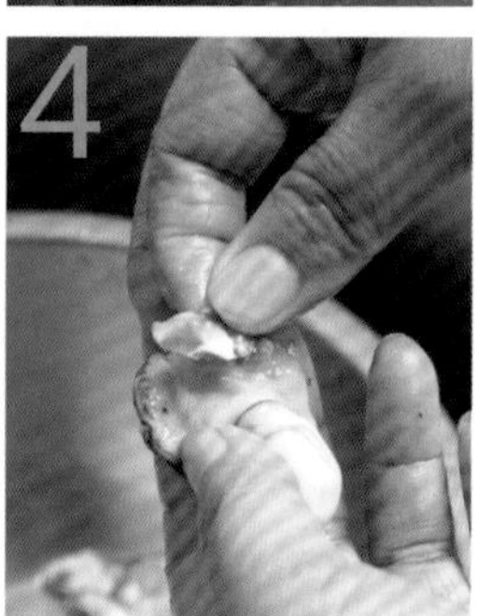

处理方法

1. 取一容器，放入牡蛎和盐。
2. 用手轻轻抓拌均匀。
3. 将牡蛎用流动的清水冲洗干净。
4. 仔细挑出粘在牡蛎身上的细小壳即可。

贝类这类带壳海鲜可不像鱼或软管类摸一摸、压一压就能知道新不新鲜，要正确地选到新鲜又美味的贝类海鲜，可是有诀窍的。将这些有效的挑选方法掌握好，就能轻松挑选到你想要的新鲜贝类了。

贝类处理步骤

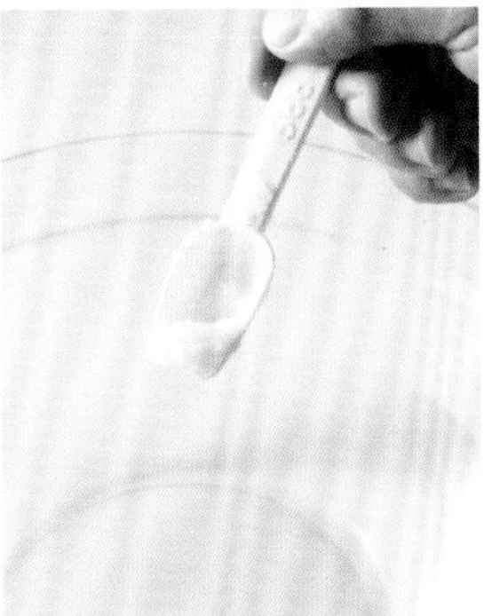

1 装一盆干净的水，加入少许盐。

2 将贝类放入加了盐的水中。

3 让贝类泡在水中静置吐沙。

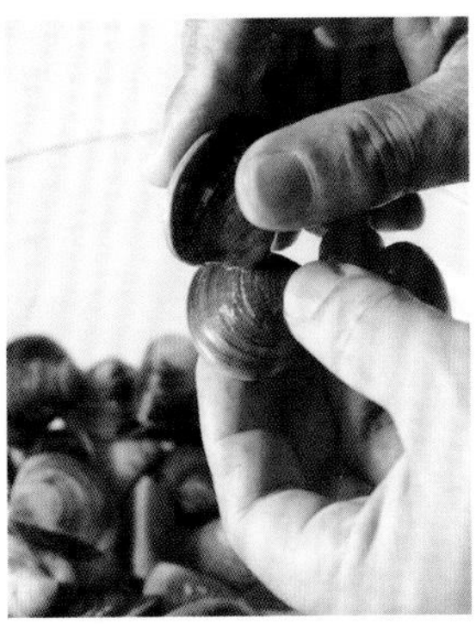

4 拿2个贝类互相轻敲，新鲜的会有清脆的声音。

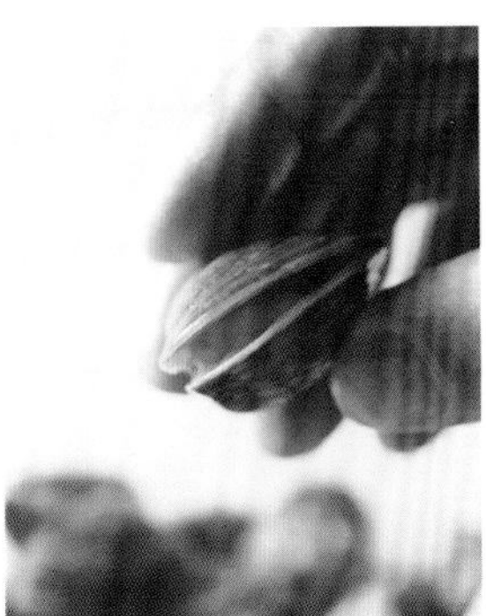

5 不新鲜的贝类口不会闭合，且有腥臭味。

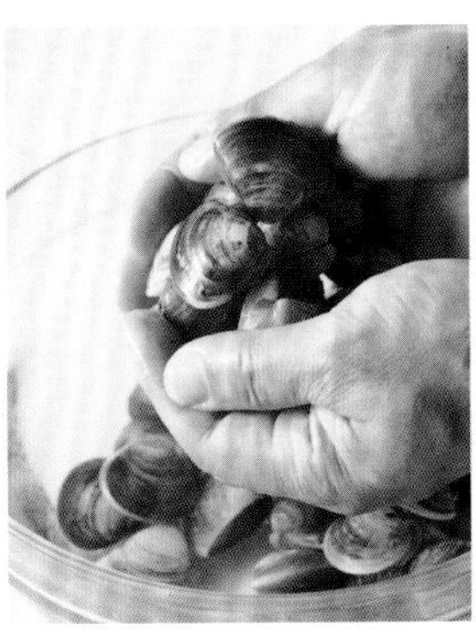

6 将吐完沙、挑选过的贝类洗净。

尝鲜保存小妙招

购买前先询问老板，贝类为海生还是淡水养殖的。若是生长在海水中的贝类，要用加了少许盐的冷水浸泡约2小时，使其吐沙干净，再沥干水分，放入冰箱冷藏，如此贝类可存活5～7天；而淡水养殖的则以清水浸泡2小时，使其吐沙干净后，换干净的清水浸泡置于阴凉处，贝类可存活4～5天。只是没有摄饵的贝类在存放数天以后肉质会变瘦。

炒蛤蜊

材料

蛤蜊150克、葱1根、蒜仁3粒、红辣椒1/2个、罗勒10克

调味料

糖1小匙、酱油膏2大匙

做法

1. 蒜仁洗净切末；红辣椒洗净切圆片；葱洗净切小段；蛤蜊泡水吐沙，备用。
2. 热锅倒入适量油，放入蒜末、红辣椒片、葱段爆香。
3. 加入蛤蜊后盖上锅盖，焖至蛤蜊壳打开，再加入所有调味料炒匀。
4. 最后加入罗勒炒熟即可。

辣酱炒蛤蜊

材料o

蛤蜊300克、葱段30克、姜片30克、红辣椒1个、罗勒30克、橄榄油1大匙

调味料o

泰式辣味鸡酱1小匙、鱼露1小匙、米酒1大匙、糖1小匙

做法o

1. 将蛤蜊放入盐水中吐沙；红辣椒洗净切斜片备用。
2. 取一锅，加入橄榄油，放入葱段、姜片、红辣椒片爆香，再加入泰式辣味鸡酱、鱼露、蛤蜊以大火拌炒。
3. 加入米酒及糖，等蛤蜊开口时，再加入罗勒拌炒一下即可。

蚝油炒蛤蜊

材料o

蛤蜊500克、姜20克、红辣椒2个、蒜仁6粒、罗勒20克、葱段适量

调味料o

A 蚝油2大匙、糖1/2小匙、米酒1大匙

B 水淀粉1小匙、香油1小匙

做法o

1. 将蛤蜊用清水洗净；罗勒挑去粗茎并用清水洗净沥干；姜洗净切成丝状；蒜仁洗净切末；红辣椒洗净切片。
2. 取锅烧热后，加入1大匙色拉油，先放入姜丝、蒜末、红辣椒片爆香，再将蛤蜊及所有调味料A放入锅中，转中火略炒匀。
3. 待煮开后偶尔翻炒几下，炒至蛤蜊大部分开口后，转大火炒至水分略干，最后用水淀粉勾芡，再放入罗勒、葱段及香油略炒几下即可。

西红柿炒蛤蜊

材料o

蛤蜊350克、西红柿块200克、芹菜段30克、葱段30克、蒜片10克

调味料o

盐1/4小匙、糖1小匙、番茄酱1大匙、米酒1大匙

做法o

1. 热锅，加入2大匙色拉油，放入蒜片、葱段爆香，再加入西红柿块拌炒，接着放入蛤蜊炒至微开。
2. 加入所有调味料、芹菜段，炒至蛤蜊张开且入味即可。

Tips.料理小秘诀

蛤蜊必须吐沙完毕才能烹煮，所以常常会浪费不少等待时间，其实可利用闲暇时间先处理完成，后续料理就方便多了，大大节省了烹调时间。

普罗旺斯文蛤

材料o

文蛤200克、培根30克、小西红柿6个、洋葱末20克、蒜末20克、罗勒末10克

调味料o

盐1/4小匙、黑胡椒粉1/4小匙、米酒20毫升

做法o

1. 文蛤外壳洗净，待其吐沙后备用。
2. 小西红柿洗净对剖成2等份；培根切小丁备用。
3. 取炒锅，加入色拉油，放入培根丁煎炒至略焦后，加入洋葱末、蒜末，翻炒至香味溢出。
4. 加入文蛤、小西红柿和调味料略翻炒，加盖焖至文蛤开口后，再放入罗勒末即可。

罗勒炒海瓜子

材料

罗勒50克、海瓜子300克、红辣椒1/2个、蒜末1/2小匙、水淀粉1小匙

调味料

酱油膏1大匙、乌醋1小匙、糖1/2小匙

做法

1. 吐过沙的海瓜子洗净；罗勒洗净摘去老梗；红辣椒洗净切片，备用。
2. 热锅，倒入1小匙油，放入蒜末、红辣椒片爆香，放入海瓜子略炒，再加入1/2碗水、所有调味料，盖上锅盖焖至海瓜子打开。
3. 加入水淀粉勾芡，再加入罗勒拌匀即可。

Tips.料理小秘诀

要让海瓜子快速炒熟，可以略炒后盖上锅盖，不要一直拌炒，否则会使海瓜子受热不均匀，反而不容易熟，还可能在拌炒的过程中，让已经打开的海瓜子的肉掉下来。

香啤海瓜子

材料o

啤酒200毫升、海瓜子250克、蒜末20克、红辣椒末10克、姜末15克

调味料o

盐1/4小匙、白胡椒粉1/4小匙

做法o

1. 海瓜子洗净，吐沙完成后备用。
2. 取炒锅烧热，加入色拉油，放入蒜末、红辣椒末和姜末爆香。
3. 加入海瓜子快炒，再加入啤酒、盐和白胡椒粉翻炒后，加盖焖至海瓜子开口即可。

罗勒蚬

材料o

罗勒叶20克、蚬250克、小西红柿6个、蒜末20克

调味料o

米酒20毫升、酱油膏50克、番茄酱20克

做法o

1. 蚬洗净，吐沙完成后备用。
2. 小西红柿洗净对剖成2等份。
3. 取炒锅烧热，加入色拉油，炒香蒜末和小西红柿。
4. 加入蚬翻炒，再加入米酒、酱油膏和番茄酱翻炒均匀，加盖焖至蚬开口，再加入罗勒叶略翻炒即可。

醋辣香炒蚬

材料o

红辣椒片30克、蚬600克、西红柿1个、芹菜20克、姜片30克、蒜末20克

调味料o

盐1/4小匙、糖1小匙、米酒1大匙、乌醋1大匙、酱油1小匙、辣油2大匙

做法o

1. 将西红柿、芹菜洗净，切成小丁备用。
2. 热锅加入1大匙油，先爆香姜片、蒜末、红辣椒片，再加入所有调味料、蚬、西红柿丁与芹菜丁后，快速拌炒均匀至蚬全开即可。

豆豉炒牡蛎

材料o

嫩豆腐1盒、牡蛎250克、豆豉10克、蒜苗碎15克、蒜碎5克、红辣椒碎10克

调味料o

A 酱油膏2大匙、糖1小匙、米酒1小匙
B 香油1小匙

做法o

1. 牡蛎洗净，放入滚水中汆烫，捞起沥干；嫩豆腐切丁备用。
2. 热锅，加入适量色拉油，放入蒜苗碎、蒜碎、红辣椒碎、豆豉炒香，再加入牡蛎、豆腐丁及所有调味料A拌炒均匀，起锅前加入香油拌匀即可。

炒芦笋贝

材料o

芦笋贝（竹蛏）280克、葱2根、姜10克、蒜仁10克、红辣椒1个

调味料o

A 蚝油1大匙、糖1/4小匙、料酒1大匙

B 香油1小匙

做法o

1. 待芦笋贝吐沙干净后，放入滚水中汆烫约4秒，即取出冲凉水、洗净沥干。
2. 葱洗净切段；姜洗净切丝；蒜仁洗净切末；红辣椒洗净切片，备用。
3. 热锅，加入1大匙色拉油，以小火爆香葱段、姜丝、蒜末、红辣椒片后，加入芦笋贝及所有调味料A，转大火持续炒至水分收干，再洒上香油略炒几下即可。

咖喱孔雀蛤

材料o

孔雀蛤260克 、西红柿50克、洋葱90克、蒜仁20克、红葱头20克

调味料o

咖喱粉2小匙、奶油2大匙、盐1/4小匙、鸡粉1/2小匙、糖1/4小匙、水淀粉1小匙

做法o

1. 把孔雀蛤洗净，挑去肠泥；洋葱及西红柿洗净切块；蒜仁及红葱头洗净切末，备用。
2. 热锅，加入奶油，以小火爆香洋葱块、蒜末及红葱头末后，加入咖喱粉略炒香，加入100毫升水、盐、鸡粉、糖及孔雀蛤，转中火炒煮滚。
3. 等做法2的材料煮滚后再煮约30秒，加入西红柿块同煮，待汤汁略收干后，加入水淀粉勾芡炒匀，起锅装盘即可。

生炒鲜干贝

材料o

鲜干贝160克、甜豆荚70克、胡萝卜15克、葱1根、姜10克、红辣椒1个

调味料o

蚝油1大匙、米酒1大匙、水淀粉1小匙、香油1小匙

做法o

1. 胡萝卜洗净去皮后切片；甜豆荚撕去粗边洗净；葱洗净切段；红辣椒及姜洗净切片，备用。
2. 鲜干贝放入滚水中汆烫约10秒即捞出，沥干。
3. 热锅，加入1大匙色拉油，以小火爆香葱段、姜片、红辣椒片后，加入鲜干贝、甜豆荚、胡萝卜片及蚝油、米酒、50毫升水，以中火炒匀。
4. 将做法3的食材再炒约30秒后，加入水淀粉勾芡，最后洒上香油即可。

XO酱炒鲜干贝

材料o

鲜干贝250克、四季豆30克、红甜椒1/3个、黄甜椒1/3个、蒜仁2粒、红辣椒1/3个

调味料o

XO酱2大匙、盐1/6小匙、白胡椒粉少许

做法o

1. 鲜干贝洗净，将水分沥干备用。
2. 四季豆洗净切片；红甜椒、黄甜椒洗净切菱形片；蒜仁、红辣椒洗净切片备用。
3. 起一炒锅，加入1大匙色拉油烧热，加入做法2的所有材料以中火翻炒均匀。
4. 再加入鲜干贝和所有调味料翻炒均匀即可。

沙茶炒螺肉

材料o

凤螺肉240克、姜10克、红辣椒1个、蒜仁10克、罗勒20克

调味料o

A 沙茶酱1大匙、盐1/4小匙、1/4小匙、糖1/4小匙、料酒1大匙

B 香油1小匙

做法o

1. 把凤螺肉洗净放入滚水中汆烫约30秒，即捞出冲凉，备用。
2. 将罗勒挑去粗茎，洗净沥干；姜洗净切丝，蒜仁、红辣椒洗净切末，备用。
3. 起一炒锅，热锅后加入1大匙色拉油，以小火爆香姜丝、蒜末及红辣椒末后，加入凤螺肉及所有调味料A，转中火持续翻炒至水分略干，再加入罗勒及香油略炒几下即可。

炒螺肉

材料o

螺肉100克、红辣椒1/2个、葱1根、蒜仁3粒、罗勒10克

调味料o

糖1小匙、米酒1大匙、乌醋1小匙、香油1小匙、酱油膏1大匙、沙茶酱1小匙

做法o

1. 螺肉洗净，放入油温为150℃的热油中稍微过油炸一下，捞起沥干备用。
2. 红辣椒洗净切圆片；葱洗净切小段；蒜仁洗净切末，备用。
3. 锅中留少许油，放入做法2的材料爆香，再加入螺肉及所有调味料拌炒均匀。
4. 最后放入罗勒炒熟即可。

罗勒凤螺

材料o

凤螺150克、葱1根、蒜仁3粒、红辣椒1/2个、罗勒10克

调味料o

糖1小匙、乌醋1小匙、米酒1大匙、香油1小匙、酱油膏1大匙、沙茶酱1小匙、白胡椒粉少许

做法o

1. 凤螺洗净后，放入沸水中汆烫至熟，捞起沥干备用。
2. 葱洗净切小段；蒜仁洗净切末；红辣椒洗净切圆片，备用。
3. 热锅倒入适量的油，放入葱段、蒜末、红辣椒片爆香。
4. 加入凤螺及所有调味料拌炒均匀，再加入罗勒炒熟即可。

牡蛎酥

材料o

牡蛎250克、蒜末1小匙、葱花1大匙、罗勒50克、红辣椒末1/2小匙、粗红薯粉1碗

调味料o

盐1/2小匙、白胡椒粉1/2小匙

做法o

1. 牡蛎加盐小心捞洗，再冲水沥干，裹上粗红薯粉备用。
2. 热锅，倒入稍多的油，待油温热至180℃，放入牡蛎，以大火炸约2分钟捞出；再将罗勒放入油锅以小火炸至干，捞出摆盘备用。
3. 原锅中留少许油，加入蒜末、葱花、红辣椒末略炒，再放入炸牡蛎及所有调味料拌匀，放在罗勒上即可。

Tips.料理小秘诀

建议使用粗红薯粉当裹粉，这样炸出来的牡蛎才会外表酥脆、里面鲜嫩。

蛤蜊丝瓜

材料o

蛤蜊200克、丝瓜1个、姜丝20克

调味料o

盐1/2小匙、白胡椒粉1/4小匙

做法o

1. 蛤蜊吐沙洗净；丝瓜洗净去皮切块，备用。
2. 热锅，加入1大匙油，放入丝瓜块略炒，加入盐、姜丝及热水80毫升，以小火煮约3分钟。
3. 加入蛤蜊以中火煮至壳打开即可。

Tips.料理小秘诀

蛤蜊很容易煮熟，久煮会使其肉质变老，口感不好，因此等丝瓜先煮软入味，再加入蛤蜊煮至壳打开，就可以熄火上桌了。

蛤蜊肉丸煲

材料o

蛤蜊50克、肉丸子150克、大白菜100克、红辣椒10克、葱30克、蒜仁10克

调味料o

盐1小匙、鸡粉1小匙、米酒1大匙、糖1小匙、胡椒粉1小匙

做法o

1. 葱和红辣椒洗净切段；大白菜洗净切大段；蛤蜊吐沙洗净。
2. 热锅，放入葱段、红辣椒段、蒜仁炒香，加入大白菜段炒软，全部移到砂锅中。
3. 于砂锅中加入肉丸子、蛤蜊、1000毫升水及所有调味料，以小火焖煮约15分钟即可。

Tips.料理小秘诀

大超市都有卖做好的炸肉丸，炸过的肉丸搭配海鲜食材一起熬煮，味道非常好。

蛤蜊煲嫩鸡

材料o

蛤蜊100克、鸡胸肉350克、芥菜100克、葱段30克、姜片20克、胡萝卜60克

调味料o

盐1大匙、糖1小匙、鸡粉1小匙、米酒2大匙、高汤500毫升

做法o

1. 蛤蜊吐沙后洗净；鸡胸肉、芥菜洗净切块；胡萝卜洗净去皮，切块烫熟，备用。
2. 热锅，倒入适量油，放入葱段、姜片爆香，再放入鸡胸肉块炒香。
3. 加入胡萝卜块及所有调味料，以小火焖煮5分钟。
4. 加入芥菜与蛤蜊再煮约4分钟即可。

蒜蓉米酒煮蛤蜊

材料o

蒜末2大匙、米酒200毫升、蛤蜊300克、洋葱1/4个、奶油1.5大匙、水淀粉1小匙、巴西里碎适量

调味料o

盐1/4小匙、糖1/2小匙、黑胡椒1/4小匙

做法o

1. 蛤蜊吐沙洗净；洋葱洗净切片，备用。
2. 热锅，加入奶油、蒜末，以小火炒至呈金黄色。
3. 放入米酒及所有调味料，加入蛤蜊后盖上锅盖，以大火煮至蛤蜊打开，加入水淀粉勾芡，撒上巴西里碎即可。

Tips.料理小秘诀

海鲜加酒一起煮，可以去除腥味及增加鲜味。

罗勒海瓜子煲

材料o

罗勒20克、海瓜子450克、大白菜100克、葱段20克、蒜仁20克、红辣椒片10克

调味料o

糖1大匙、米酒2大匙、酱油膏3大匙

做法o

1. 海瓜子泡水吐沙后洗净；大白菜洗净切片，备用。
2. 热锅，倒入适量油，放入葱段、蒜仁、红辣椒片爆香，加入海瓜子以小火焖熟。
3. 放入火锅料及大白菜、所有调味料炒匀，以小火烧至汤汁略收干。
4. 加入罗勒炒匀即可。

Tips.料理小秘诀

海瓜子入锅后，千万不要大力翻炒，以免壳与肉分离，用焖的方式最适合，最后再轻轻拌炒一下即可。

铁板牡蛎

材料o

牡蛎100克、豆腐1/2盒、葱1根、蒜仁3粒、红辣椒1/2个、洋葱5克、豆豉10克

调味料o

米酒1大匙、糖1/2小匙、香油少许、酱油膏1大匙

做法o

1. 牡蛎洗净后用沸水汆烫，沥干备用。
2. 豆腐洗净切小丁；葱洗净切小段；蒜仁洗净切末；红辣椒洗净切圆片，备用。
3. 热锅倒入适量油，放入葱段、蒜末及红辣椒片炒香，再加入牡蛎、豆腐丁、豆豉及所有调味料，轻轻拌炒均匀。
4. 洋葱洗净切丝，放入已加热的铁盘上，再将做法3的材料倒入铁盘上即可。

油条牡蛎

材料o

牡蛎150克、油条1根、葱45克、姜10克

调味料o

高汤150毫升、盐1/2小匙、鸡粉1/4小匙、糖1/4小匙、白胡椒粉1/8小匙、水淀粉1大匙、香油1大匙

做法o

1. 将牡蛎洗净、挑去杂质，放入滚水中汆烫约5秒后，捞出、洗净、沥干；葱洗净切丁，姜洗净切末，备用。
2. 把油条切小块，起一油锅，热油温至约150℃，将油条块入锅炸约5秒至酥脆，即可捞起、沥油，铺至盘中垫底。
3. 另起一锅，烧热后加入1大匙色拉油，以小火爆香姜末、葱丁后，加入牡蛎及高汤、盐、鸡粉、糖、白胡椒粉。
4. 待煮滚后，加入水淀粉勾芡，再洒上香油，起锅后淋至做法2的油条盘上即可。

豆腐牡蛎

材料o

老豆腐2块、牡蛎200克、姜末10克、蒜末10克、红辣椒末10克、蒜苗片20克、水淀粉1大匙

调味料o

黄豆酱1.5大匙、糖1/4小匙、米酒1大匙

做法o

1. 老豆腐切小块；牡蛎洗净沥干，备用。
2. 热锅，加入2大匙色拉油，放入姜末、蒜末、红辣椒末爆香，再放入黄豆酱炒香。
3. 放入牡蛎轻轻拌炒，再加入豆腐块、蒜苗片、糖、米酒，轻轻拌炒至均匀入味，起锅前加入水淀粉拌匀即可。

Tips.料理小秘诀

牡蛎与豆腐都是容易破碎的食材，所以翻炒时要注意力度，别太用力，以免食材破碎而影响美观。

味噌牡蛎

材料o

牡蛎200克、白萝卜（中型）1个、葱（粗）2根、红辣椒1个、蒜仁2粒

调味料o

A 味噌30克、米酒15毫升、味醂20毫升、酱油10毫升
B 香油1/2大匙

做法o

1. 将50毫升水与所有调味料A混合调匀，备用。
2. 白萝卜洗净去皮磨成泥，用萝卜泥轻轻洗净牡蛎，再用水洗去萝卜泥；将牡蛎放入滚水中汆烫1分钟，呈一颗颗紧缩状时即可捞起沥干，备用。
3. 葱洗净，切成0.5厘米长的段；红辣椒去籽切斜片；蒜仁洗净切薄片备用。
4. 热一炒锅，加入适量色拉油，放入葱段、蒜片爆香，再加入红辣椒片略炒一下。
5. 接着倒入做法1的调味料A，煮开后放进牡蛎，用大火快炒一下，起锅前淋上香油即可。

芥蓝孔雀蛤煲

材料o

A 芥蓝300克、孔雀蛤400克

B 豆豉20克、蒜末20克、姜末30克、红辣椒末15克、葱花30克

调味料o

酱油2大匙、糖1大匙、香菇精1/2小匙、米酒2大匙

做法o

1. 取一砂锅，放入洗净的芥蓝与孔雀蛤，备用。
2. 热锅，倒入适量色拉油，放入材料B爆香，再加入600毫升水及调味料煮至沸腾。
3. 将做法2的材料倒入做法1的砂锅中，盖上锅盖，以中火烧至汤汁剩1/3即可。

栗子烧牡蛎干

材料o

栗子100克、牡蛎干100克、胛心肉250克、葱1根、蒜仁5粒

调味料o

酱油2大匙、蚝油2大匙、米酒1大匙、冰糖1/2大匙

做法o

1. 牡蛎干洗净泡水30分钟；栗子泡水5小时后，将杂质去掉；胛心肉洗净切块；葱洗净切丝，备用。
2. 热一锅，倒入2大匙油烧热，放入牡蛎干、葱丝、蒜仁爆香后，取出牡蛎干。
3. 再放入胛心肉块，一起炒至颜色变白后，再放入栗子、牡蛎干、300毫升水及所有调味料炒至上色，继续放入水煮滚后，盖上锅盖以小火煮20分钟即可。

干贝杂菜煲

材料o

A 猪骨1副、鸡粉2大匙
B 干贝30克
C 上海青50克、芦笋50克、荸荠50克、菱角40克、莲子40克、口蘑50克、玉米笋50克、粉条50克

调味料o

盐1小匙、糖1/2小匙

做法o

1. 将猪骨放入滚水中汆烫3~5分钟后，将水倒掉，与1000毫升水、鸡粉一起置于锅内，先用大火煮至沸腾后，再转小火熬煮60~90分钟即成汤备用。
2. 干贝洗净切丝；上海青、芦笋洗净切段；荸荠洗净切丁，备用。
3. 将所有材料C放入滚水中汆烫3~5分钟后，捞起并置于砂锅内，备用。
4. 热锅放入1大匙油，将干贝丝爆香后捞起，备用。
5. 将做法1的汤舀入炒锅内，加入调味料拌匀，再以水淀粉勾薄芡，倒入做法3的砂锅内，再将干贝丝放在上面即可。

鲍鱼扒凤爪

材料o

贵妃鲍（或罐头鲍鱼）1个、粗鸡爪10只、高汤300毫升、姜片2片、葱2根、上海青2棵

调味料o

蚝油2大匙、盐1/4小匙、糖1/2小匙、绍兴酒1大匙

做法o

1. 将鲍鱼切片备用；粗鸡爪剁去趾尖洗净。
2. 取一锅，倒入约1碗油烧热，将粗鸡爪炸至表面呈金黄色后捞出沥油。
3. 将鸡爪、高汤、调味料、姜和葱放入锅中，以小火煮至鸡爪软弹后捞出排盘。
4. 将鲍鱼片放入汤汁内煮滚，捞起鲍鱼片排放至鸡爪上，再将汤汁勾芡淋至鲍鱼上。
5. 上海青洗净，放入滚水中汆烫至熟，再捞起放至做法4的盘上围边装饰即可。

冬瓜蛤蜊汤

材料

冬瓜350克、蛤蜊300克、猪小排300克、姜片6片

调味料

盐1小匙、柴鱼素少许、米酒1大匙

做法

1. 蛤蜊放入加了盐（分量外）的清水中，静置吐沙后洗净备用。
2. 猪小排洗净，放入滚水中氽烫去除血水；冬瓜洗净去皮切小块备用。
3. 取一锅，加入水煮至沸腾后，加入猪小排、冬瓜块及姜片，以小火煮约40分钟。
4. 再加入蛤蜊煮至蛤蜊开口后，加入所有的调味料煮匀即可。

芥菜蛤蜊鸡汤

材料

芥菜1把、蛤蜊15个、小土鸡1只

调味料

盐1小匙

做法

1. 芥菜洗净，对剖两半；蛤蜊洗净泡水吐沙；土鸡洗净，备用。
2. 取一内锅，放入芥菜、蛤蜊、土鸡，将内锅放入电锅中，外锅放2杯水，按下启动开关，待开关跳起，开盖加盐调味即可。

Tips.料理小秘诀

炖鸡汤是大多数人都爱的一道菜，用电锅煮汤是最聪明的选择，只要外锅加入适量水，就能煮出有清爽口感的好汤，搭配蛤蜊能让味道更鲜美。

牡蛎汤

材料o

牡蛎150克、酸菜50克、姜丝30克、葱花少许、香油1小匙、米酒1大匙、红薯粉1大匙

调味料o

盐1/2小匙

做法o

1. 牡蛎洗净，均匀沾裹红薯粉，放入滚水中氽烫一下后，捞起冲水备用。
2. 酸菜洗净切小片备用。
3. 取汤锅倒入水，加酸菜片、姜丝煮至沸腾。
4. 放入牡蛎，待再次沸腾后，加入米酒、盐调味后熄火。
5. 上桌前撒上葱花、香油即可。

鲍鱼猪肚汤

材料o

罐头珍珠鲍1罐、猪肚1副、竹笋1根、香菇6朵、姜片6片

调味料o

盐1小匙、米酒1小匙

洗猪肚材料o

盐适量、面粉适量、白醋适量

做法o

1. 猪肚用洗猪肚材料中的盐搓洗后，内外反过来，再用面粉、白醋搓洗后洗净，放入滚水中煮约5分钟，捞出浸泡冷水至凉后，切除多余的脂肪，再切片备用。
2. 竹笋洗净切片；香菇洗净切半，备用。
3. 取一锅，放入珍珠鲍、猪肚、做法2的所有材料、姜片、米酒及水，放入蒸锅中蒸约90分钟，再加盐调味即可。

蛤蜊蒸蛋

材料o

蛤蜊10个、鸡蛋3个、葱花少许

调味料o

盐1/4小匙、米酒1/2小匙

做法o

1. 蛤蜊吐沙干净后用刀撬开壳（如图1），将流出的汤汁过滤留下备用（如图2）。
2. 鸡蛋打成蛋液，加入所有调味料、水及蛤蜊汤汁，拌匀过滤备用（如图3）。
3. 取一浅盘，将蛤蜊与做法 2 的材料放入蒸锅中，以小火蒸约8分钟，撒上葱花即可（如图4）。

Tips.料理小秘诀

蒸蛋使用浅盘会比用深碗熟得快，此外蛤蜊如果直接放在蛋液中蒸，会被蛋给包覆而无法打开。因此先将蛤蜊撬开，将流出的汤汁加入蛋液中去蒸，不但能使蛤蜊顺利打开，鲜味也能融入蒸蛋中。

姜蒜文蛤

材料o

文蛤500克、姜丝10克、蒜末5克、胡椒粒10克

调味料o

米酒1大匙、盐1/4小匙

做法o

1. 文蛤浸泡冷水吐沙后，沥干水分备用。
2. 将文蛤、姜丝、蒜末、胡椒粒、米酒、盐、300毫升水放入铝箔烤盒中，盖上铝箔纸。
3. 将铝箔烤盒放入已预热的烤箱中，以200℃烤约20分钟即可。

蚝油蒸鲍鱼

材料o

墨西哥鲍鱼1个、葱1根、蒜仁2粒、杏鲍菇1个

调味料o

蚝油1大匙、盐1/4小匙、白胡椒粉1/4小匙、米酒1小匙、香油1小匙、糖1小匙

做法o

1. 将墨西哥鲍鱼洗净，切成片状备用。
2. 将葱洗净切段；蒜仁、杏鲍菇洗净切片备用。
3. 取一容器，放入所有的调味料，混合拌匀备用。
4. 取一盘，先放上鲍鱼，再放入葱段、杏鲍菇片、蒜片，接着将做法3的调味料加入后，用耐热保鲜膜将盘口封起来。
5. 放入电锅中，于外锅加入1/3杯水，蒸约8分钟至熟即可。

蒜味蒸孔雀蛤

材料o

孔雀蛤300克、罗勒3根、姜10克、蒜仁3粒、红辣椒1/3个

调味料o

酱油1小匙、香油1小匙、米酒2大匙、盐1/4小匙、白胡椒粉1/4小匙

做法o

1. 将孔雀蛤洗净，放入滚水中汆烫过水备用。
2. 把姜、蒜仁、红辣椒都洗净切成片状，罗勒洗净备用。
3. 取1个容器，加入所有的调味料，再混合拌匀备用。
4. 将孔雀蛤放入圆盘中，再放入做法2的所有材料和做法3的调味料。
5. 最后用耐热保鲜膜将盘口封起来，放入电锅中，于外锅加入1杯水，蒸约15分钟至熟即可。

豉汁蒸孔雀蛤

材料o

孔雀蛤10个、豆豉2小匙、蒜末1/2小匙、葱花1小匙、色拉油1大匙、淀粉1/2小匙

调味料o

糖1小匙、酱油1小匙

做法o

1. 孔雀蛤洗净置盘；豆豉洗净切碎，加入蒜末、所有调味料及淀粉拌匀成豉汁；葱花与色拉油混合成葱花油，备用。
2. 孔雀蛤淋上豉汁，放入锅内蒸5分钟。
3. 最后淋上葱花油即可。

粉丝蒸扇贝

材料o

扇贝4个（约120克）、粉丝10克、蒜仁8粒、葱2根、姜20克

调味料o

蚝油1小匙、酱油1小匙、糖1/4小匙、米酒1大匙、色拉油20毫升

做法o

1. 把葱洗净切丝；姜、蒜仁洗净皆切末；粉丝泡冷水约15分钟至软化；扇贝洗净挑去肠泥，再次洗净、沥干水分后，整齐地排至盘上，备用。
2. 将每个扇贝上先铺少许粉丝，洒上米酒及蒜末，放入蒸笼中以大火蒸5分钟至熟，取出，把葱末、姜末铺于扇贝上。
3. 热锅，加入20毫升色拉油烧热后，淋至扇贝的葱丝、姜末上，再将蚝油、酱油、2小匙水及糖煮滚后，淋在扇贝上即可。

枸杞子蒸扇贝

材料o

枸杞子20克、大扇贝8个、姜末6克

调味料o

盐1/2小匙、柴鱼素1/4小匙、米酒3小匙

做法o

1. 用清水冲洗扇贝的肠泥及细沙。
2. 枸杞子用清水略为清洗后，用米酒浸泡10分钟至软，再加入姜末混合。
3. 将做法2中混合好的材料分成8等份，一一放置在处理好的扇贝上，再撒上盐与柴鱼素。
4. 将扇贝依序排放于盘中，再放入电锅内，外锅倒入1/2杯水，按下开关，煮至开关跳起即可。

Tips.料理小秘诀

打开扇贝后，你会发现有些会多1块橘色贝肉，有些则无，有橘色贝肉的是母扇贝，无橘色贝肉的是公扇贝。

盐烤大蛤蜊

材料o

大蛤蜊300克、
粗盐5大匙

做法o

1. 大蛤蜊浸泡在清水中让其吐沙，取出沥干备用。
2. 将粗盐平铺于烤盘上，再摆上大蛤蜊。
3. 烤箱预热至180℃，将大蛤蜊放入烤箱，烤约5分钟至熟即可。

Tips.料理小秘诀

蛤蜊烤熟后壳会打开，鲜美的汤汁就会流失，为了避免这种情况发生，要先切断蛤蜊的韧带。在靠近蛤蜊较小的那头，壳的接缝处会有个突起来的小点，利用靠近刀柄这侧刀的尖端插入这个小点中，左右轻轻撬一下，就可以切断蛤蜊的韧带，但是千万不要利用刀尖插入，以免弄伤自己。

蛤蜊奶油铝烧

材料o

蛤蜊200克、奶油15克、土豆2个（约300克）、培根40克、葱花适量

调味料o

盐1/6小匙、黑胡椒粉1/4小匙、奶油15克、白酒20毫升

做法o

1. 土豆洗净后，带皮放入微波炉微波约8分钟，取出后剥皮，切成约1厘米厚的圆形片备用。
2. 蛤蜊洗净吐沙；培根切成约3厘米长的段状；奶油切成小块状备用。
3. 把2张铝箔纸叠放成十字形，在最上面一层中间部分均匀地抹上奶油（分量外），把土豆片放入抹好奶油的中间部分。
4. 放上做法2的所有材料、葱花与其余调味料，将铝箔纸包好，放入预热的烤箱中，以200℃烤约20分钟即可。

烤牡蛎

材料o

牡蛎600克、
柠檬1个

做法o

1. 牡蛎刷洗干净，擦干水分；柠檬切开挤出柠檬汁，备用。
2. 烤箱预热10分钟后，放入牡蛎，以上火200℃、下火200℃烤10～15分钟。
3. 食用时撬开牡蛎的壳，并滴上柠檬汁一同食用即可。

备注：不添加任何调味料，直接吃原味的烤牡蛎，也别有一番风味喔！

焗烤牡蛎

材料o

牡蛎8个、洋葱末50克、蒜末10克、奶油20克、奶酪丝100克

调味料o

胡椒粉1/4小匙、盐1/2小匙

做法o

1. 牡蛎刷洗干净后，挖开取出牡蛎肉，擦干水分备用。
2. 热一锅，放入奶油、洋葱末、蒜末以小火炒香后，放入所有调味料拌匀，再放入40克奶酪丝拌匀，即为馅料。
3. 将做法2的馅料填入牡蛎壳内后，放入牡蛎，再撒上奶酪丝，放入预热好的烤箱中，以上火200℃、下火200℃烤10分钟即可。

烤辣味罗勒孔雀蛤

材料o

孔雀蛤6个

腌料o

罗勒末1大匙、蒜末1小匙、洋葱末1小匙、盐1/4小匙、糖1/4小匙、BB酱1/4小匙

做法o

1. 将所有腌料混合均匀备用。
2. 将孔雀蛤洗净，加入做法1的腌酱后，稍腌一下备用。
3. 将孔雀蛤放入已预热的烤箱中，以150℃烤约5分钟，取出盛盘即可。

Tips.料理小秘诀

孔雀蛤其实有许多种说法，一般又称孔雀贝、淡菜或贻贝，现在多为人工养殖，其肉质饱满，炒、烤、蒸都很合适，是许多海产店和西式料理中经常出现的一种食材。

青酱焗扇贝

材料○

扇贝6个、奶酪丝30克、面包粉1大匙

调味料○

青酱2大匙

做法○

1. 扇贝略冲水沥干，放至烤盘上，再淋上青酱，撒上奶酪丝、面包粉。
2. 放入预热好的烤箱中，以上火180℃、下火150℃烤约10分钟，至奶酪呈金黄色泽即可。

焗孔雀蛤

材料○

孔雀蛤6个、面包粉100克、奶酪丝20克、橄榄油10克、巴西里碎1大匙、迷迭香碎1小匙

调味料○

红酱3大匙

做法○

1. 将孔雀蛤的肉从壳中取出，洗净后放入酒水中汆烫，捞出对切备用。
2. 先在孔雀蛤壳内加入少许红酱，再将孔雀蛤肉放入，并盖上混合好的面包粉、奶酪丝、橄榄油、巴西里碎和迷迭香碎。
3. 放入已预热好的烤箱中，以上火250℃、下火100℃烤5~10分钟至外观略上色即可。

备注：将孔雀蛤肉放入酒水中汆烫的目的是为了去腥味，酒水的比例为水：白酒=1000毫升：30毫升，二者调合即成。

呛辣蛤蜊

材料○

蛤蜊20个、芹菜丁30克、蒜碎适量、香菜碎10克、红辣椒碎10克、柠檬汁20毫升、橄榄油 20毫升

调味料○

鱼露50毫升、糖15克、辣椒酱20克

做法○

1. 蛤蜊洗净，放入冷水中浸泡约半天至吐沙完毕备用。
2. 将蛤蜊放入滚水中汆烫至蛤蜊口略开即捞起备用。
3. 将所有调味料与红辣椒碎、蒜碎、香菜碎、芹菜丁、柠檬汁及橄榄油一起拌匀成淋酱。
4. 先将蛤蜊摆盘，再淋上酱汁拌匀即可。

热拌罗勒蛤蜊

材料o

蛤蜊300克、姜6克、新鲜罗勒2根、蒜香辣椒酱适量

做法o

1. 将蛤蜊泡在盐水中，泡水吐沙约1小时以上，备用。
2. 姜洗净切丝；新鲜罗勒洗净，备用。
3. 将蛤蜊放入滚水中汆烫，至开口即可捞起。
4. 将做法2、3的材料拌入蒜香辣椒酱混匀即可。

蒜香辣椒酱

材料：

蒜片5片、红辣椒片15克、蚝油3大匙、开水1大匙、糖1小匙

做法：

将所有材料混合均匀即可。

意式腌渍蛤蜊

材料o

蛤蜊20个、生菜叶1片、蒜碎5克、红辣椒碎15克、米酒50毫升

调味料o

柠檬汁20毫升、橄榄油1大匙、罗勒碎10克、盐1/4小匙、白胡椒粉1/4小匙

做法o

1. 蛤蜊洗净，放入冷水中约半天至吐沙完毕；生菜叶洗净后铺于盘内备用。
2. 热一平底锅，倒入橄榄油，放入蒜碎、红辣椒碎炒香，再放入蛤蜊、米酒、柠檬汁一起翻炒至水分收干。
3. 加入罗勒碎、盐和白胡椒粉炒匀，盛入做法1的盘内即可。

葱油牡蛎

材料

牡蛎150克、葱1根、姜5克、红辣椒1/2个、香菜少许、淀粉1大匙

调味料

鱼露2大匙、米酒1小匙、糖1小匙

做法

1. 牡蛎洗净沥干，均匀沾裹上淀粉，放入沸水中汆烫至熟后捞起摆盘。
2. 葱洗净切丝，姜洗净切丝，红辣椒洗净切丝后，全放入清水中浸泡至卷曲，再沥干放在牡蛎上。
3. 热锅加入1小匙香油、1小匙色拉油及所有调味料拌炒均匀，淋在葱丝上，再撒上香菜即可。

蒜泥牡蛎

材料

蒜泥1大匙、牡蛎200克、粗红薯粉1/2碗

调味料

糖1/2小匙、香油1小匙、酱油膏2大匙

做法

1. 牡蛎加盐小心捞洗，再冲水沥干备用。
2. 备一锅约90℃的热水，将牡蛎裹上粗红薯粉，立刻放入热水中，以小火煮约4分钟捞出置盘。
3. 将所有调味料混合，淋在牡蛎上即可。

Tips.料理小秘诀

牡蛎裹上红薯粉后，要立刻放入热水中烫熟，如果裹好粉还久放会反潮，影响最后的口感。烫牡蛎的水温不宜太高，这样吃起来才会鲜嫩。

冰心牡蛎

材料○

牡蛎50克、小黄瓜1个、红薯粉1大匙

调味料○

酱油2小匙、芥末少许

做法○

1. 牡蛎洗净沥干水分，均匀沾裹上红薯粉，再放入沸水中汆烫至熟，捞起沥干。
2. 取一锅冰水，放入牡蛎冰镇至凉后，捞起沥干盛盘。
3. 小黄瓜洗净切丝，另取一锅冰水，放入小黄瓜丝冰镇至凉后，捞起沥干，放入做法2的盘中。
4. 将芥末放入酱油中拌匀成调味酱，食用牡蛎时蘸取即可。

干拌牡蛎

材料○

牡蛎400克、油条1条、红葱头30克、葱1根、红辣椒1个、蒜末10克、香菜少许、淀粉1.5大匙

调味料○

酱油1大匙、蚝油3大匙、乌醋1/2大匙、糖10克、香油1小匙

做法○

1. 牡蛎洗净沥干，加入淀粉拌均匀备用。
2. 油条切小块，放入热油锅略炸后捞出控油。
3. 红葱头、葱、红辣椒、香菜全部洗净切末备用。
4. 热锅倒入2大匙油后，放入红葱头末，以大火爆香呈金黄色，再放入蒜末、葱末、红辣椒末，一起拌炒数下后盛出。
5. 将牡蛎放入滚水中煮熟，待牡蛎浮起即可捞出并沥干水分，摆在油条块上面，再放入做法4的爆香材料和香菜末。
6. 另取一锅，放入3大匙水及所有调味料一起煮滚后，再浇淋在牡蛎上面即可。

腌咸蚬

材料o

蚬600克、蒜片20克、红辣椒片15克、姜末15克、葱段15克

调味料o

酱油6大匙、酱油膏1大匙、糖1小匙、米酒2大匙

做法o

1. 把蚬泡水静置一旁吐沙，待吐完沙后洗净。
2. 将蚬放入滚水中汆烫至微开后捞出。
3. 取一容器，放入3大匙冷开水及所有的调味料拌匀，再放入蒜片、葱段、红辣椒片、姜末和蚬混合拌均匀。
4. 于容器上封上保鲜膜，再放入冰箱冷藏约1天，取出食用即可。

Tips.料理小秘诀

蚬先用滚水烫过，可以让蚬的开口微开，这样做是为了让蚬比较容易入味。建议腌渍的时间至少要1天，并要均匀地泡入汤汁里，如此腌渍好的蚬才会入味又可口。

蒜味咸蛤蜊

材料o

蒜末20克、蛤蜊300克、姜末10克、红辣椒片10克

调味料o

酱油膏1大匙、酱油2大匙、乌醋1/2大匙、米酒2大匙、糖1/2大匙

做法o

1. 蛤蜊泡水吐沙，捞起沥干备用。
2. 取锅，放入蛤蜊，倒入可完全淹盖蛤蜊的滚水，盖上锅盖焖约6分钟，待蛤蜊微开后捞出，沥干备用。
3. 将3大匙冷开水及所有调味料混合搅拌均匀，放入蒜末、姜末和红辣椒片，再倒入蛤蜊拌匀，放入冰箱中冷藏腌至入味，食用前再取出即可。

泰式酸辣雪贝

材料o

雪贝15个、生菜叶1片、蒜末20克、红辣椒末20克、香菜末20克

调味料o

柠檬汁20毫升、鱼露50毫升、糖20克

做法o

1. 将雪贝放入滚水中汆烫至熟取出，以冷开水冲凉，捞起沥干备用。
2. 生菜叶洗净，铺于盘内备用。
3. 取一调理盆，放入所有调味料、蒜末、红辣椒末及香菜末，搅拌混合成淋酱备用。
4. 将雪贝摆放于做法2的盘中，再均匀淋上淋酱即可。

鲍鱼切片

材料o

罐装鲍鱼1罐（约2个）、包心菜丝100克

调味料o

五味酱1罐

做法o

1. 将鲍鱼罐头放入电锅，外锅放2杯水，盖锅盖后按下启动开关，开关跳起后，取出罐头打开。
2. 将鲍鱼切成片状，放在铺好的包心菜丝上，食用时佐以五味酱即可。

Tips.料理小秘诀

想吃好一点，利用年节礼盒的鲍鱼罐头就能办到！罐头不要先打开，整罐直接放入电锅，外锅加入适量水，利用对流热气自然焖熟，接下来只要开罐切片，就是一道色香味俱全的宴客菜了！

图书在版编目（CIP）数据

海鲜烹调秘诀一次学会 / 生活新实用编辑部编著
. -- 南京 : 江苏凤凰科学技术出版社 , 2020.5
ISBN 978-7-5713-0332-7

Ⅰ . ①海… Ⅱ . ①生… Ⅲ . ①海产品 – 菜谱 Ⅳ .
① TS972.126

中国版本图书馆 CIP 数据核字 (2019) 第 095728 号

海鲜烹调秘诀一次学会

编　　著	生活新实用编辑部
责任编辑	葛　昀
责任校对	杜秋宁
责任监制	方　晨
出版发行	江苏凤凰科学技术出版社
出版社地址	南京市湖南路 1 号 A 楼，邮编：210009
出版社网址	http://www.pspress.cn
印　　刷	天津丰富彩艺印刷有限公司
开　　本	718 mm × 1 000 mm　1/16
印　　张	16
插　　页	1
字　　数	240 000
版　　次	2020年5月第1版
印　　次	2020年5月第1次印刷
标准书号	ISBN 978-7-5713-0332-7
定　　价	45.00元